Über den Autor:

Gunther Müller, geboren 1980 in Dresden, hat in Frankfurt am Main studiert. Mehr als jedes Seminar faszinierten den Politologen, Sozialwissenschaftler und Sozialpsychologen die kuriosen, skurrilen und bizarren Fragestellungen, Methoden und Erkenntnisse der Wissenschaft.

GUNTHER MÜLLER

Fette Vögel gehen öfter fremd

Skurrile Erkenntnisse
aus der Welt
der Wissenschaft

BASTEI LÜBBE TASCHENBUCH
Band 60688

1. Auflage: August 2012

Dieser Titel ist auch als E-Book erschienen

Bastei Lübbe Taschenbuch in der Bastei Lübbe GmbH & Co. KG

Originalausgabe

Copyright © 2012 by Bastei Lübbe GmbH & Co. KG, Köln
Textredaktion: Nico Schröder
Titelillustration: © Fabian Erlinghäuser
Umschlaggestaltung: Kirstin Osenau unter Verwendung einer Illustration
von Fabian Erlinghäuser
Satz: hanseatenSatz-bremen, Bremen
Gesetzt aus der ITC Slimbach Book
Druck und Verarbeitung: CPI – Ebner & Spiegel, Ulm
Printed in Germany
ISBN 978-3-404-60688-7

Sie finden uns im Internet unter
www.luebbe.de
Bitte beachten Sie auch: www.lesejury.de

Der Preis dieses Bandes versteht sich einschließlich
der gesetzlichen Mehrwertsteuer.

Inhalt

Einleitung 11

1 *Die verrücktesten Methoden* 17

Die Studie, die zeigt,
… wie man Mundgeruch bei Hunden misst 17
… dass Kuhfladen nach Vanille schmecken 19
… dass Raben Dick Cheney mögen 21
… wie kitzelig Pinguine sind 24
… wie Brüste hüpfen und falsche BHs
  funktionieren 26
… dass Urin im Tank super ist 28
… dass scharfe Soßen manchmal besser wirken
  als Elektroschocks 30
… wie man Walblas mit einem Hubschrauber
  sammelt 32
… ob Arschgeweihe wirklich ein Blickfang sein
  können 34
… wie sich Wissenschaftler selbst beklatschen 36
… was passiert, wenn man Geld vernichtet 38
… wie man Rattenzungen trainiert 40
… dass Menschen lieber das essen, was ihnen
  schmeckt 42
… welche Pornos Frauen am liebsten
  schauen 44

... dass Glück eine psychische Krankheit
ist 47
... dass Achterbahnfahrten gut gegen Asthma
sind 50
... dass unser Gähnen für Hunde
ansteckend ist.. 52
... dass fetischistische Wachteln sexuell
erfolgreicher sind... 54
... wie man die Penisvorhaut traumafrei aus dem
Reißverschluss befreit................................... 56
... was Mann beim Pinkeln stört 57
... wie man die Orgasmushistorie einer Frau an
ihrem Schritt erkennt.................................... 59

2 Die verrücktesten Fragestellungen 62

Die Studie, die zeigt,
... dass Bienen Gefühle bekommen, wenn man
sie schüttelt... 62
... ob Katzen mit dunklem oder mit hellem Fell
gefährlicher für Allergiker sind........................ 65
... dass Heavy-Metal-Musik wie eine
Schlägerei wirkt 66
... dass Wissenschaft eigentlich doch nicht
witzig ist 68
... dass jedes Kätzchen seine Lieblingszitze
hat 71
... wer tatsächlich der weltbeste Springer ist 73
... dass Schwertschlucken Halsschmerzen
verursacht 75
... dass das Wort »Scheiße« ein wirksames
Schmerzmittel ist 77

... dass Menschen gute Schnüffler sind 80
... dass Hühner auf schöne Menschen
   stehen 82
... dass auch junge Ratten Komatrinker sind 85
... dass Ratten und Studentinnen einen
   identischen Geschmack haben 88
... wie Walrosse schlafen 90
... dass eine leere Flasche die bessere Waffe in
   Kneipenschlägereien ist 91
... welche Spirituose den stärkeren Kater
   verursacht 93
... welche Tierart am häufigsten platt gefahren
   wird 96
... dass Sperma ein natürliches Antidepressivum
   ist 97
... ob man unter dem rechten Arm anders mieft
   als unter dem linken 100
... was mehr nervt: schreiende Babys,
   kindliches Gequengel oder mütterliche
   Babysprache 103
... dass Zebrastreifen eine Art natürliche
   Barcodes sind 105
... dass es auch eine pawlowsche Kakerlake
   gibt 107
... wie häufig Spielkonsolen derbe fluchen 109
... dass auch Pilze Jetlag haben 112
... was passiert, wenn der Mond einem
   Bakterium in der Sonne steht 113
... dass Mistkäfer wahre Gourmets sind,
   wenn es um Fäkalien geht 115
... dass auch Kirchen eine Feinstaubplakette
   nötig haben 117
... wie sich echter Kot anfühlt 120

... dass auch Mumien das Recht auf
    Patientenverfügungen haben 121
... dass schöne Männer nicht unbedingt bessere
    Liebhaber sind 124
... dass Frauen das Beobachten von Affensex
    antörnt 126
... dass Cola doch nicht unfruchtbar
    macht 129
... dass eine einfache Unterhose die wohl beste
    Verhütungsmethode für Männer ist 132

3 Die verrückte Pop-Wissenschaft 134

Die Studie, die zeigt,
... dass Pu der Bär und seine Freunde psychisch
    massiv gestört sind 134
... unter welcher psychischen Störung Anakin
    Skywalker leidet 137
... warum Rudolph so eine rote Nase hat 138
... dass Gollum doch nicht unter Schizophrenie
    leidet 140
... dass Jar Jar Binks von terrestrischen Pilzen
    befallen ist 142

4 Die verrücktesten Erkenntnisse 144

Die Studie, die zeigt,
... dass man Mezcal immer mit Wurm trinkt 144
... dass Malariamücken auf Bier stehen 146
... dass die Herzen gestresster Menschen im
    gleichen Takt schlagen 149

... dass Fische pupsen, um zu
   kommunizieren 151
... dass selbst Tauben faule Aufschieber
   sind 153
... dass Wale auch nur das singen, was gerade
   angesagt ist 155
... dass Prostitution etwas für Affen ist 158
... dass pessimistische Hunde öfter Pantoffeln
   zerfetzen 160
... wie man als Moslem im Weltraum korrekt
   betet 162
... dass Blasendruck das Denkvermögen
   erhöht 164
... dass ausgerechnet Ethikstudenten ihre
   Bibliothek beklauen 167
... welches Lebewesen den größten Selbsthass
   hat 169
... was ein wirkliches Phantomglied ist 171
... dass Bier vor radioaktiver Strahlung schützt 174
... dass Mehrsprachigkeit zu multipler
   Persönlichkeit führt 175
... dass Dummheit ansteckend ist 177
... wie man in einer Paarbeziehung sein eigenes
   Gesicht verliert 180
... warum man bärtige Männer lieber nicht
   knutschen sollte 183
... dass Countrymusik tödlich sein kann 186
... dass die englische Sprache tödlich ist 187
... wie nackte Körper zu Gedächtnisfehlern
   führen 188
... dass auch in der Schriftart Poesie steckt 192
... dass Wodka etwas für Feinschmecker ist 194
... dass Alkohol anfälliger für Manipulationen

macht – auch wenn man gar keinen
getrunken hat 196
... dass »Teddybären« menschliche
Fingerabdrücke haben 198
... dass der eigene Partner ein hartes
Psychotropikum ist 200
... dass das muslimische Gebet gefährlich sein
kann 202
... dass fette Vögel öfter fremdgehen 203

Dank 206

*E*inleitung

Der aufregendste Satz in der Wissenschaft, derjenige, der neue Entdeckungen ankündigt, ist nicht »Heureka« (Ich hab's gefunden!), sondern »Das ist aber komisch …!«
                                               Isaac Asimov

Wissenschaftliche Entdeckung und wissenschaftliches Wissen wurden nur von denen hervorgebracht, die danach gestrebt haben, ohne den praktischen Nutzen dahinter zu sehen.
                                               Max Planck

Das ist die Grundlage der Wissenschaft: Stell eine unsachliche Frage und du bist auf dem Weg zu der richtigen Antwort.
                                             Jacob Bronowski

*W*issenschaft gilt allgemein als eine Art geistiger Brennstoff, der uns Menschen in die Zukunft treibt. Die ständige Suche nach objektiver Wahrheit und die möglichst fehlerfreie Erforschung der Realität führen uns zu den Ursachen, Gründen und Gesetzmäßigkeiten, mit denen wir die Welt und uns selbst erfassen, erklären und verstehen können.

    Mittels Beobachtung, Experiment und anderen systematischen und kontrollierbaren Verfahren treibt der

Mensch sein Streben nach Wissen voran. Wissenschaft schaut dabei gelegentlich über den Tellerrand, das ist bekannt, das ist man gewohnt.

Manchmal ist Wissenschaft aber eben einfach nur verrückt, schießt über das Notwendige und Nützliche hinaus. Bisweilen wird eben auch neugierig und experimentierfreudig jenseits des Tellers geforscht. Denn besonders in augenscheinlich Banalem und mutmaßlich Unwichtigem verbleiben die größten Täuschungen, Unklarheiten und Vorurteile. Auch dort sucht der Mensch als Wissenschaftler nach Vollständigkeit, Systematik und Klarheit. Die Berichte von dieser Forschungsfront, an der Grenze zum erkenntnistheoretisch Verrückten und wissenschaftstechnisch Skurrilen, wirken dann gelegentlich auch etwas absurd – zu Unrecht.

Angesichts ihrer Begriffsvielfalt müssen wissenschaftliche Studien nicht nur nach ihren Gegenstandsbereichen und ihrem methodischen Vorgehen, sondern auch nach der ganz besonderen Art und Weise ihrer Durchführung unterschieden werden. Zwischen ereignislosem Wissenschaftsalltag und perversen Exzessen der Forschung sind »verrückte Studien« eine grundlegende Form der Wissensgewinnung. Alle in diesem Buch gesammelten wissenschaftlichen Studien haben das Prädikat »verrückt« verdient. Die verrückte Wissenschaft ist eher lachhaft als pompös und eher skurril als alltäglich. Sie fürchtet nicht die Probe der Lächerlichkeit. Wenn man Lächerlichkeit als einen Prüfstein der Wahrheit sieht, dann verträgt verrückte Wissenschaft es auch, in diesem Licht zu erscheinen.

Wissenschaft ist grundsätzlich die Bereitschaft, über etwas zu spekulieren und dies dann objektiv und methodisch zu überprüfen. Neben der Grundlagenforschung, die sich auf das Hervorbringen von Innovationen konzentriert, und der angewandten Forschung, die nach praktischen Anwendungsmöglichkeiten sucht, gibt es Forschung ohne Konvention. Sie sucht und findet, oft belächelt, jenseits gängiger Pfade und fern der gehypten Großforschungsprojekte auch in der Kuriosität und Skurrilität nachvollziehbare und gesicherte Erkenntnisse. »Verrückte Wissenschaft«, dieser Art des Forschens ist dieses Buch gewidmet.

Verrückt ist es beispielsweise, Forschungsgegenstände aufzugreifen, die zunächst abwegig anmuten und weder kurz- noch langfristig verwertbar erscheinen. Verrückte Wissenschaft erweist sich durch diese vermeintliche Sinn- und Zweckfreiheit und ihre Ferne zum medial begleiteten Mainstream als die tatsächlich freie Forschung. Frei von allen Entstehungs-, Begründungs- und Verwendungszusammenhängen, frei von Werten und Zwängen steht sie für die Idee des kreativen und gleichwohl methodischen Forschens.

Das freie, aber dennoch sach- und methodenverständige Spiel mit Forschungsfeldern und -objekten ist das, was entscheidende Impulse für großartige Ideen auslösen kann. Forschungsprojekte, die anfangs unangebracht oder zu radikal erscheinen, sind genau die Vorhaben, die den Verstand schärfen und geschmeidig halten.

Es gibt keinen Ort, keine Banalität im Universum, den bzw. die man nicht sorgfältig, gewissenhaft und klug mit den Instrumenten der Wissenschaft dokumentieren, bemessen und analysieren kann. Verrückte Wissenschaft vermag auf vielleicht vollständige Weise das erkennbare Universum abzubilden – mitsamt seinen Verrücktheiten und Zufälligkeiten. Deshalb wohnt gewissermaßen die Verrücktheit der Forschung inne.

Und dort, wo der Mensch mit Wissenschaft spielen darf, entfaltet er auch sein ureigenstes Wesen. Spekulieren und frei forschen, das liegt in unserer Natur, ist eines der wesentlichen Merkmale menschlichen Seins. Was hier zwischen kurioser Forschungsfrage und skurrilem Forschungsergebnis zum Vorschein kommt, ist das tatsächliche Wunder der Realität.

Warum aber versetzen uns die Fragestellungen, Methoden und Ergebnisse der verrückten Wissenschaft in heitere Stimmung? Wissenschaft ist das Aufbegehren der kleinen Erkenntnisfortschritte gegen das übergroße Unwissen. Dieses Verhältnis zwischen den menschlichen Forschungsbemühungen und der Übermächtigkeit des Unwissens begründet auch den Humor dieser Studien. Forschung ist deshalb immer auch etwas existenziell Komisches. Den Forschungsimpuls kann man genauso wenig unterdrücken wie den Lachimpuls. Unwissen provoziert Forschung, genau wie Tabus oder Verbote Humor provozieren. Es ist nicht anders, als würde man das eben beschriebene tragisch-komische Missverhältnis zwischen Wissen und Unwissen auf humorige Weise in einen Vorteil verwandeln wollen. Das Fragen und das Abenteuer der Wissenschaft ist nun mal das Fragen, nimmt der Übermacht des Ungewissen die Schwere. Dadurch fällt die Unwissenheit nicht mehr so stark ins Gewicht – und genau das ist komisch.

Die zum Teil rigoros trockene, kryptische Sprache und Darstellungsweise der Wissenschaft birgt die Gefahr, der unzulässigen Herabsetzung des Humors zu unterliegen. Ernsthaftigkeit ist heute die gebräuchlichste Sichtweise auf die Methoden und Ergebnisse der Forschung. Humor gilt in diesem Bereich, insbesondere in Deutschland, zu Unrecht als nicht angebracht. Unter der Oberfläche der Erscheinungsformen mannigfacher wissenschaftlicher Untersuchungsgegenstände liegen nicht nur Erkenntnis und Wissen, sondern dort findet man eben auch Witz. Das klingt zunächst paradox; denn die wohl planmäßigste und zielgerichtetste Aktion im Verhaltensrepertoire des Menschen, die Wissenschaft, trifft hier auf die vielleicht unwillkürlichste und unkontrollierbarste Regung des Menschen, das Lachen. Und wenn wir nicht mehr über ernste Sachen lachen können, worüber dann?

Manchmal sind es die entdeckten Zusammenhänge, manchmal die verschiedenen analytischen Verfahren und manchmal ist es auch das Forschungsobjekt selbst, was uns schmunzeln lässt. Es gibt Kombinationen aus origineller Theorie, Methode und Forschungstechnik, die auf eine besondere Weise einfach witzig sind – auch im ursprünglichen Wortsinn, nämlich schlau und findig.

Es ist stets witzig und befreiend, wenn der Widerspruch zwischen Glaube und Tatsächlichem aufgelöst wird. Die Besonderheit des Untersuchungsobjekts, eine herausragende Methode oder ein unerwartetes Forschungsergebnis in der Wissenschaft ähnelt den Pointen bei Witzen. Die Pointe verhält sich zum Witz wie das »Heureka!« zum Experiment.

Dabei darf man aber keinen humoristischen Fehlschluss begehen und diese unterschiedlichen Ebenen vermischen. Es wäre ein Trugschluss, würde man von der Witzigkeit oder Skurrilität einer Studie auf deren wissenschaftliche Qualität schließen. Die hier vorgestellten Studien kitzeln zwar den Verstand, sind aber alle in wissenschaftlichen Fachmagazinen erschienen. All das hier versammelte Amüsement hat wissenschaftliche Qualität sowie theoretische und praktische Relevanz.

Es ist also nicht ernsthaft verrückt, der verrückten Wissenschaft ein Buch zu widmen. Auch wenn die Lektüre weder das Gehirn vergrößert noch zu unglaublicher Intelligenz führt, dann doch wenigstens zu einem Lachen. Denn wenn die folgenden wissenschaftlichen Studien eine offensichtliche Gemeinsamkeit haben, dann ist das ihr Unterhaltungswert. Und die durch das Lachen ausgelöste Hechelatmung führt zumindest zu einer besseren Sauerstoffversorgung des Gehirns. Dabei sollte man aber nicht vergessen, dass es diese verrückten Studien sind, die uns erst zum Menschen machen. All die skurrilen wissenschaftlichen Arbeiten, die hier zusammengetragen wurden, sind Sinnbild dafür, worauf der Forschergeist basiert – nämlich der leidenschaftlichen Freude an der Forschung.

Dieses Buch legt nun erstmals eine Auswahl verrückter Studien vor, stellt deren Erkenntnisinteressen, Methoden und Funktionen dar und kommentiert sie mit zwinkerndem Auge. Es möchte damit endlich die Kluft zwischen der weitverbreiteten Beschäftigung mit der Mainstream-Wissenschaft und dem Fehlen einer die verrückten Arten und Weisen des Forschens überschauenden Darstellung schließen. Dieses Buch ist eine Wissenschaftskunde der verrückten Art, eine Encyclopaedia curiosita.

1 Die verrücktesten Methoden

In diesem Kapitel sind die wohl verrücktesten wissenschaftlichen Herangehensweisen an einen Forschungsgegenstand versammelt, die es gibt. Lassen Sie sich überraschen, wie kreativ Forscher Elemente aus Theorie, Methode und Forschungstechnik miteinander kombinieren, um ungewöhnliche Erkenntnisse zu gewinnen. Lesen Sie, mit welchen abgefahrenen Methoden Wissenschaftler ihr Ziel erreichen.

Die Studie, die zeigt, wie man Mundgeruch bei Hunden misst

Es gibt tatsächlich eine Studie, die sich damit beschäftigt, eine praktische Methode zur Messung von Mundgeruch bei Hunden zu entwickeln. Hundemundgeruch wissenschaftlich zu erfassen, ist nicht einfach. Die gängigen Analysemethoden, die selbst kleinste Bestandteile unangenehmer chemischer Verbindungen in der Atemluft aufspüren, sind kaum praktikabel für den Einsatz bei unseren vierbeinigen Freunden. Hunde halten schwerlich still und müssten auch auf spezielle Atemtechniken abgerichtet werden, die man für bestimmte Diagnosen braucht. Dies ist kaum machbar. Techniken wie die Gaschromatografie, mit deren Hilfe die Konzentration flüchtiger Schwefelstoffe gemessen wird, liefern bei Hunden keine brauchbaren Werte. Aber auch andere Methoden zur Bestimmung der Ursachen von Mundgeruch sind für den Einsatz bei Hunden ungeeignet.

Aus diesem Grund erarbeiteten die Forscher ein »sensorisches Messverfahren«, bei dem, jetzt kommt's, ausschließlich die Nasen speziell geschulter Prüfer zum Einsatz kommen – um direkt am Maul des Hundes zu schnuppern.

Irgendwie seltsam, wenn der Mensch mit seinen fünf bis zehn Millionen Riechzellen einem Hund ins Maul schnuppert, der über fast zweihundert Millionen davon verfügt. Das Riechorgan Nase als Instrument der Wissenschaft? Jedenfalls, so die Wissenschaftler, sei dies der einfachste Weg, um Hundemundgeruch zu messen.

Um individuelle Unterschiede bei der Wahrnehmung von Hundemundgeruch zu minimieren, wurden die Prüfer von einem Nasenspezialisten für den richtigen Umgang mit ihrem »Instrument« geschult. Das Ziel war es, ihnen genaues Schnuppern beizubringen und so Schwankungen bei den Ergebnissen zu verringern. So sollte sichergestellt werden, dass die Geruchsbewertungen mit den oben genannten objektiven Messverfahren im Einklang stehen und auch durch andere Forscher beliebig häufig wiederholbar sind.

Die Prüfer hatten zahlreiche anstrengende Trainingseinheiten zu durchlaufen, um systematisch Genauigkeit und Wiederholbarkeit zu verbessern. Die Teilnehmer schnupperten dazu an speziell ausgewählten Hunden, die unterschiedlich stark aus dem Maul dufteten. Dabei gingen alle Riecher nach demselben Schema vor: Öffnen der rechten Maulspalte und die Nase direkt an der Zahnreihe des Hundes platzieren. Die wahrgenommene Stärke des Geruchs wurde dann auf einem Bewertungsbogen notiert. Weiterhin sorgten die Experimentatoren dafür, dass durch bestimmte Verhaltensregeln, wie etwa das Händewaschen nach jeder Probe oder das Tragen eines nicht parfümierten Kittels, der Geruchssinn der Prüfer so wenig wie möglich beeinflusst wurde.

Insbesondere weil die Anwendung herkömmlicher Verfahren zur Bestimmung des Mundgeruchs bei Hunden nicht möglich ist, ist dieses Vorgehen in den Augen der Wissenschaftler eine durchaus pfiffige Alternative zu Gaschromatografie, Massenspektrografie und anderen Methoden.

Quelle: Simone, A./Jensen, L./Setser, C./Smith, M./Suelzer, M. (1994): Assessment of oral malodor in dogs, in: *Journal of Veterinary Dentistry*, Nr. 11, S. 71–74.

Die Studie, die zeigt, dass Kuhfladen nach Vanille schmecken

Tatsächlich gibt es eine Methode, mit der man Vanilleduft und -geschmack aus Kuhmist gewinnen kann. Wir danken der Wissenschaft sehr für die Erkenntnis, dass tierische Exkremente eben nicht nur stinken, sondern auch schmackhafte Inhaltsstoffe aufweisen. Wissenschaftler haben damit bewiesen, dass es neben süß, sauer, bitter, scharf und umami wohl eine sechste Geschmacksqualität namens »scheißig« gibt. Scherz beiseite: Eine experimentierfreudige Eisdiele in Cambridge verkauft wirklich Eis mit Vanillin, das aus Kuhfladen gewonnen wurde. Die Sorte heißt: Yum-a-Moto Vanilla Twist. Sieht zwar nicht so aus, ist aber quasi Kot. Lecker.

Die chemische Verbindung namens Polyphenol wird oft als Vanillegewürz verwendet, weil sie Vanillin enthält. In der Landwirtschaft wird Vanillin hauptsächlich aus den Kapselfrüchten der Gewürzvanille gewonnen, die in Mexiko und Madagaskar heimisch ist. Das Aroma kommt aus der Samenschote und der Bohne der Vanille. In der industriellen Aromaherstellung gewinnt man Vanillin als naturidentisches Produkt aus dem Zellstoff Lignin.

Japanische Forscher konnten mit einer neuen Methode nun unter anderem erfolgreich Vanillin aus Tierkot herstellen. Dabei ist die Methode außerdem einfacher, effizienter und umweltverträglicher als bisherige Verfahren. Auf diese Weise lässt sich zum Beispiel der Kohlendioxidausstoß erheblich reduzieren.

Es ist unter Chemikern lange bekannt, dass Viehexkremente eine große Menge an unverdaulichen Ballaststoffen wie Lignin enthalten. Die Wissenschaftler haben damit endlich eine praktikable Methode entwickelt, Gülle auch tatsächlich zu einem nützlichen Rohstoff für eine Branche zu machen, die wohl kaum unpassender erscheinen könnte. Die Verwendung von Kot in der Lebensmittelindustrie – der in sich widersprüchliche Begriff »Scheißgeschmack« bekommt damit eine ganz neue Bedeutung.

Mit dem Kot pflanzenfressender Tiere, darunter Rinder, Ziegen und Pferde, wurde die neue Technik erfolgreich in einem Reaktor mit fünf Milligramm Kapazität erprobt. Aber auch mit Exkrementen eines Tigers (!) wurde das Verfahren ausprobiert. Vanillin konnte im Reaktor bei zweihundert bis zweihundertfünfzig Grad Celsius gewonnen werden. Aus einem Gramm Kot kann man auf diese Weise konstant fünfzig Mikrogramm Vanillin erzeugen. Noch ist unklar, wie dies genau geschieht. Die Forscher gehen davon aus, dass Vanillinsäure sich unter den Bedingungen innerhalb des Reaktors zu Vanillin umwandelt. Mit Tigerkot, in der Untersuchung das einzige Exkrement eines fleischfressenden Tieres, war man nicht erfolgreich. Nur die Pflanzenfresser nehmen ausreichend große Mengen an Nahrung mit hohem Ligningehalt zu sich. Die Verdauungsenzyme und Mikroben der Pflanzenfresser können Lignin nicht verarbeiten, ihr Verdauungstrakt ist deshalb eine wunderbare Ligninquelle.

Kot hat sich damit zu einem Nahrungsmittelzusatzlieferanten gemausert. Tierkot könnte eine wesentlich bedeutendere Rolle in einer nachhaltigen Gesellschaft der nahen Zukunft bilden – einer geschmackvollen Zukunft.

Quelle: Yamamoto, Mayu/Futamura, Yasuhiro/Fujioka, Kouki/Yamamoto, Kenji (2008): Novel production method for plant polyphenol from livestock excrement using subcritical water reaction, in: *International Journal of Chemical Engineering 2008*, S. 1–5.

Die Studie, die zeigt, dass Raben Dick Cheney mögen

Die Tatsache, dass Tiere Mitglieder der eigenen Spezies erkennen und sich untereinander unterscheiden können, gilt nicht nur unter Wissenschaftlern als alter Hut. Tiere können auch andere Spezies erkennen, was etwa nützlich ist, um im Angesicht eines Fressfeindes Alarm zu schlagen. Dass Tiere Individuen anderer Spezies auch einzeln unterscheiden können, war bisher jedoch unbewiesen. Das hatte man in freier Wildbahn, fern des Labors, noch nicht erforscht.

Gerade in einer von Menschen dominierten Umgebung herrschen Umstände, die die Entwicklung dieser Fähigkeit begünstigen. Krähen, die den Menschen schon vor langer Zeit in seine Dörfer und Städte folgten, sind geistig ziemlich auf Zack. Sie sind in der Lage, einzelne Menschen voneinander zu unterscheiden und sogar für lange Zeit starke positive oder negative Einstellungen ihnen gegenüber zu entwickeln.

Um diese Fähigkeit experimentell nachzuweisen, haben Wissenschaftler versucht, Krähen zu fangen – und zwar maskiert. Auf diese Weise verbanden die Forscher bei den Krähen die bedrohliche Erfahrung einer kurzen Gefangenschaft mit dem Vorhandensein einer bestimmten Maske. Man wollte durch das Fangen der Krähe also nur erreichen, dass diese die vom Forscher getragene Maske mit einer unangenehmen Erfahrung in Verbindung bringt. Nachdem die Forscher die Krähen wieder freigelassen haben, beobachteten sie die Reaktionen der Tiere auf spätere Konfrontationen mit genau diesen Masken. Das ist sicher etwas seltsam anzusehen, wenn Maskierte den Campus entlangflanieren und sich ab und an einen schwarzen Vogel schnappen.

Sehr pfiffig: Zum Einsatz kamen dabei im Handel erhältliche Gummimasken. Eine der Masken wurde zum Fangen der Krähen verwendet, die andere nicht. Der Einsatz von Masken ist sinnvoll, da sich darunter verschiedene Versuchsleiter verbergen können. Forscher sind beschäftigte Menschen, Arbeitsteilung deshalb wichtig. Die neutrale Maske, die man nicht zum Einfangen benutzte, mit der also keine Krähe negative Erfahrungen machte, war eine Nachbildung des Gesichts von Dick Cheney. Wir erinnern uns, ein neokonservativer US-Spitzenpolitiker der Bush-Ära, zuweilen gar Vizepräsident, und Mitarchitekt des globalen Krieges gegen den Terror.

Tatsächlich reagierten die Krähen nach ihrer Freilassung unterschiedlich auf die beiden Masken, die sie von allen Richtungen her erkennen und auseinanderhalten konnten. Während sich die Krähen vor dem Fang neutral gegenüber beiden Gesichtern verhielten, reagierten sie danach aggressiv und verängstigt auf die mit Gefahr verbundene Maske. Nicht aber auf Dick Cheney, die neutrale Maske. Es ist also nicht so, dass die Krähen Dick Cheney wirklich mochten, sie schimpften bloß nicht, wenn sie ihn sahen. Sie reagierten hingegen sehr stark und nachdrücklich auf die andere Maske.

Die Forscher konnten damit zeigen, dass Krähen Individuen einer anderen Spezies voneinander unterscheiden können und sich Gesichtsmerkmale bestimmter Menschen längere Zeit merken. Durch weitere Experimente konnten die Forscher außerdem eindeutig beweisen, dass es eben nur das Gesicht und dessen Merkmale sind, die das Unterscheidungskriterium für die Vögel liefern. Hüte, bunte Armbänder, verschiedene Körperhaltungen oder andere Eigenschaften einer Person haben keinen Einfluss auf die Krähen.

Übrigens: Dieses Forschungsergebnis weckte das Interesse des US-Militärs, das regelmäßig selbst abstruseste Forschungsbemühungen finanziert. Man wollte Krähen dazu nutzen, Top-Terroristen wie Osama Bin Laden zu fangen. Dick Cheney jedenfalls kennen die Vögel ja nun schon mal.

Quelle: Marzluff, John/Walls, Jeff/Cornell, Heather/Withey, John/Craig, David (2010): Lasting recognition of threatening people by wild American crows, in: *Animal Behaviour*, Nr. 79, S. 699–707.

Die Studie, die zeigt, wie kitzelig Pinguine sind

Das klingt doch süß: Forscher kitzeln Pinguine, um herauszufinden, wie die Tiere in engen Gruppen überhaupt schlafen können. Noch nie zuvor haben sich Wissenschaftler für die Berührungsempfindlichkeit von schlafenden Königspinguinen interessiert. Bisher wusste man nichts darüber, ob und wie die niedlichen Tiere reagieren, wenn sie mit dem einen oder anderen Körperteil aneinanderstoßen. Da Pinguine soziale Vögel sind, sind solche Erkenntnisse ganz praktisch. Man kann dann mehr darüber sagen, wie sich solche Berührungen auf die ganze Gruppe auswirken. Bei so vielen Tieren auf einem Haufen kommt es natürlich ständig zu Rempeleien. Kann man überhaupt vernünftig schlafen, wenn einem ständig jemand über die Füße watschelt?

Die Forscher wollten wissen, wie stark die Berührung sein muss, damit ein Pinguin reagiert. Die Kolonien sind so dicht besiedelt, dass sich während der Fortpflanzungszeit durchaus mehrere Tausend Tiere auf einem halben Quadratkilometer drängen können. Dabei fällt auf, dass sich die Pinguine ihren Weg am liebsten durch schlafende Artgenossen hindurch bahnen, weil wache Pinguine ihr Revier (Durchmesser 0,4 Meter) mit Picken und ähnlichem Abwehrverhalten verteidigen. Viel einfacher ist es da, schlafende Kollegen zu streifen. Diese Vorliebe ist nicht ohne Folgen für die schlafenden Tiere, denn etwa alle drei Minuten latscht jemand durch ihr Revier. Sind Pinguine besonders unempfindlich bei Berührungen, damit sie gut schlafen können?

Um die unfreiwilligen Kitzelreflexe auszulösen und die Berührungsschwelle zum Aufwachen eines Pinguins zu ermitteln, ließen sich die Forscher einiges einfallen. Es wurden hundertzwanzig Königspinguine unter Laborbedingungen an zwei Hautzonen, nämlich dem oberen Rücken und den Füßen, gekitzelt. Genau an den beiden Körperstellen, die auch unter natürlichen Bedingungen ständig gestreift werden.

Die Testpinguine waren an die Anwesenheit der Forscher gewöhnt. Die Vögel wurden nach dem Zufallsprinzip in zwei Gruppen von je sechzig Tieren aufgeteilt, wobei die eine Gruppe am Rücken, die andere an den Füßen gekitzelt wurde. Die Forscher wählten als »Kitzelopfer« in zufälliger Reihenfolge schlafende oder ruhende Pinguine aus. Dazu hatten die Forscher einen besonderen Apparat dabei. Ein mit einem Druckmessgerät ausgestatteter Hebelarm kam zum Einsatz. Mit dem Ding konnten sie langsam den Druck steigern, bis der Pinguin schließlich aufwacht. Im Minutentakt wurde der Druck erhöht, den letzten Wert notierten die Forscher.

Unfreiwillig geweckt wurden die Frackträger, wenn man mit einem Druck von achthundert Gramm ihnen in den Rücken pikste. Drückte man auf die Füße, gingen die Augen schon ab achtunddreißig Gramm auf. Königspinguine sind also an den Füßen wesentlich empfindlicher. Das ist bei uns ja in der Regel nicht anders, oder?

Die Forscher erklären sich das damit, dass die Pinguine dadurch Räuber besser wahrnehmen können, die es auf ihre Brut abgesehen haben. Und so merken sie auch, wenn sich ihre Küken davonmachen. Die recht unempfindliche Rückenpartie hat für das Tier dagegen eindeutig den Vorteil, auch in engen Kolonien ordentlich schlafen zu können.

Die Untersuchung ergab auch, dass die Geschlechter unterschiedlich empfindlich sind: Männliche Pinguine sind eindeutig kitzeliger als die Weibchen. Die Forscher erklären sich das mit der sozialen Rolle der Männchen innerhalb einer Kolonie. Männchen sind die Verteidiger der Brutreviere und daher mit einer sensibleren Außenwahrnehmung ausgestattet. Also besser keinen schlafenden Pinguin an den Füßen kitzeln.

Quelle: Dewasmes, G./Telliez, F. (2000): Tactile arousal threshold of sleeping king penguins in a breeding colony, in: *Journal of Sleep Research*, Nr. 9, S. 255–259.

Die Studie, die zeigt, wie Brüste hüpfen und falsche BHs funktionieren

Wissenschaftler hängen am Busen der Erkenntnis. Und Forscher haben mit multidimensionalen biomechanischen Messungen festgestellt, wie Brüste bei Bewegung hüpfen – zuweilen schon mal um die zwanzig Zentimeter in der Vertikalen. Dabei können Sie ein Gewicht von bis zu zehn Kilogramm erreichen. Insgesamt betrachtet sind die Hälfte Auf-und-ab- und je ein Viertel Von-Seite-zu-Seite- und Vor-und-zurück-Kompressions-Bewegungen. Das allgemeine Muster der Bewegung gleicht einer Acht. All das gilt nur für D-Cup-Brüste. Was haben sich die Forscher bei dieser Studie bloß gedacht?

Man wollte sich natürlich nicht einfach nur anschauen, wie sich Brüste bewegen. Es ging den Forschern eher darum, einen neu entwickelten Sport-BH zu testen. Dieser vermag es, die Brust der Trägerin gleichzeitig anzuheben und zu verdichten und so Unbehagen bei Fitnessübungen sowie Beschwerden von Frauen mit großen Brüsten zu verringern. Nur aus diesem Grund hat man die Daten der Brustbewegungen von zwanzig auf einem Laufband joggenden Frauen mit großen Brüsten (durchschnittliche

Körbchengröße: DD) unter die Lupe genommen. Wissenschaft ist damit doch kein B-Movie.

Die Studie hat außerdem noch eine entscheidende methodische Innovation hervorgebracht. Denn damit es auch wirklich wissenschaftlich zuging, liefen die weiblichen Probanden mit drei nach dem Zufallsprinzip verteilten BH-Typen: dem neu entwickelten experimentellen Prototyp-BH, einem handelsüblichen Sport-BH sowie, und jetzt kommt's, einem Placebo-BH. Der Placebo-BH sah aus wie ein echter BH, ihm fehlte jedoch die entsprechende Funktion.

Die übermäßige vertikale Bewegung der Brust bei körperlicher Aktivität hindert besonders Frauen mit großer Oberweite daran, Sport zu treiben. Je größer die Brust, desto größer die unangenehmen Brustbewegungen. Das zwingt viele sportlich aktive Frauen dazu, Sport-BHs zu tragen, entweder mit Verkapselungs- oder Kompressionstechnik. Doch derlei Unterstützung ist zwar oft hilfreich, nicht aber komfortabel. Der neu entwickelte BH basiert auf biomechanischen Studien, bei denen Frauen unter Wasser liefen. Die aquatischen Auftriebskräfte reduzierten die Gravitationskräfte und damit auch die Bewegung der Brüste. Dieser Auftriebseffekt lässt sich auf einen speziellen BH übertragen.

Der neben den funktionsfähigen Büstenhaltern eingesetzte »falsche« BH war baugleich mit dem neu entwickelten BH, jedoch aus sehr elastischem Gummimaterial – er wirkte also sehr viel weniger unterstützend. Das gefakte Wäschestück ist somit eine in der Wissenschaft übliche »falsche Fährte«. Man will halt sichergehen, dass sich die Testpersonen die Wirkung nicht nur einbilden.

Die Bewegung der Brust erfasste man so: Die Wissenschaftler platzierten jeweils zwei Infrarot-Leuchtdioden direkt über den beiden Brustwarzen; weitere Markierungen gab es an Brustbeinende, linker Ferse, Beckenkamm, Dornfortsatz, zwölftem Brust- und fünftem Lendenwirbel. Damit konnte man die Bewegung der Brust erfassen. Die Bewegungserfassungsdaten wurden dann anschließend mit einem Computer analysiert.

Die dem neuen BH-Design zugrunde liegende Kombination aus Hebung und Kompression reduzierte deutlich die Beschwerden der Probandinnen. Das Experiment zeigt, dass ein BH, der den Busen verdichtet und gleichzeitig hebt, wesentlich angenehmer ist. Der experimentelle BH verringert Beschwerden der Brust und verbessert den Tragekomfort. Die Brustschau hat sich also gelohnt.

Quelle: McGhee, Deirdre E./Steele, Julie R. (2010): Breast elevation and compression decrease exercise-induced breast discomfort, in: *Medicine & Science in Sports & Exercise*, Nr. 42, S. 1333–1338.

Die Studie, die zeigt, dass Urin im Tank super ist

Die Industriegesellschaft stößt an ihre Grenzen, denn Wachstum braucht Energie – die Gewinnung von Energie aber zerstört den Planeten. »Gold« im Tank wäre da eine Lösung, Autos mit »Natursprit« eine realistische Zukunftsvision – die Vision »urophiler« Mobilität. Was machen die Wissenschaftler mit ihren Gedanken in der Kanalisation? Nun ja, Erkenntnis stinkt genauso wenig wie Geld ...

Eine Forscherin hat ein Verfahren entwickelt, mit dem sie Harnstoff in Sprit umwandeln kann, in goldenen Treibstoff sozusagen. Urin im Tank ist möglich, zumindest indirekt. Wasserstoffautos könnten – rein theoretisch – aus Urin gewonnenen Wasserstoff tanken. Die

Methode wandelt mithilfe einer elektrolytischen Zelle Harnstoff in Wasserstoff und Ammoniak um. Praktisch, denn Urin ist wohl eines der häufigsten Abfallprodukte auf der Erde und damit eine nahezu unerschöpfliche Energiequelle.

Die Forscherin zeigt auch, dass Wasserstoff aus Urin kostengünstiger zu gewinnen ist als aus Wasser. Im Harnstoff, dem Hauptbestandteil von Urin, ist Wasserstoff viel weniger dicht gebunden als im Wasser. Diese Harnstoffmoleküle sind mit viel weniger Energieaufwand spaltbar, man kann viel leichter den Wasserstoff freilegen.

Anders als beim Wasser sind dazu nicht 1,23 Volt nötig, sondern es genügt eine Spannung von nur 0,37 Volt. Das System funktioniert ähnlich wie bei der Elektrolyse von Wasser, einem Prozess, der zur Gewinnung von Wasserstoff für Brennstoffzellen zum Einsatz kommt. Die Urinmenge, die von tausend Kühen produziert wird, könnte bis zu fünfzig Kilowatt Leistung erzeugen. Und Ammoniak, den zweiten Stoff, kann man auch gut gebrauchen. Er ist ein begehrtes Düngemittel.

Bald benötigt man also nicht mehr den Tiger im Tank. Und wenn es so weit ist, wird kein Elternpaar mehr genervt reagieren, wenn der Nachwuchs unterwegs auf die Toilette will.

Quelle: Botte, Gerardine G. (2009): Electrolytic cells and methods for the production of ammonia and hydrogen, United States Patent Application 20090095636, Kind Code: A1.

Die Studie, die zeigt, dass scharfe Soßen manchmal besser wirken als Elektroschocks

In der Psychologie wird Aggression als generelle Persönlichkeitseigenschaft erforscht. Für die Wissenschaft ist es deshalb wichtig, alle Einflussfaktoren auf feindselig-ablehnendes Verhalten zu erforschen. Was nicht so einfach ist. Dazu müssen die Wissenschaftler nämlich aggressives Verhalten der Probanden nicht nur provozieren, sie müssen diese auch wirklich deren Aggressivität ausleben lassen. Deshalb ist es wichtig, dass es bei solchen Experimenten für die Probanden nur sichere und ethisch vertretbare Möglichkeiten gibt, sich aggressiv zu verhalten. Man will ja nicht, dass die Versuchspersonen nach solchen Experimenten schwere körperliche Schäden davontragen oder sich mit Gewissensbissen plagen. Doch wie misst man die Absicht, anderen zu schaden – ohne zuschlagen zu dürfen?

Bisher wurden in der Forschung beispielsweise verbale Ausfälle als Indikator für Aggression genutzt. Man bewertete dann einfach anhand der Äußerungen, wie aggressiv die Testperson gerade war. Je ausfälliger die Statements, desto größer die Wut oder das Aggressivitätsniveau des Probanden. Aber dieses Verfahren ist problematisch. Glauben die Testpersonen wirklich daran, dass dem Ziel ihrer Aggression wirklich ein Schaden entsteht? Und wenn nicht, kann man dann von Aggressivität sprechen? Nur wenn die Probanden an die schädliche Wirkung ihrer aggressiven Aktivitäten glauben, kann man Aggression effektiv bemessen.

Anders ist dies in Experimenten, in denen den Versuchsteilnehmern die Möglichkeit gegeben wird, dem Aggressionsziel Stromschläge zu verpassen. Die Intensität und die Dauer der Elektroschocks liefern den Forschern dann einen messbaren Hinweis auf den Grad der Aggression. Eine solche Apparatur ist aber sehr aufwendig, teuer und ethisch problematisch. Die Elektroschocks werden selbstverständlich nicht wirklich ausgelöst – Labore sind ja keine Folterkammern. In Laboren martern Wissenschaftler eher ihr Gehirn als ihre Probanden mit quälenden Apparaturen. Die Versuchsperson darf dies aber nicht wissen, damit so ein Experiment funktioniert. Aber in der psychologischen Forschung nehmen vor allem schlaue Studenten teil, die über den Schmu im Bilde sind.

Den Forschern ging es in der hier präsentierten Studie darum, eine neue Methode zu entwickeln. Diese sollte einfach anzuwenden, und ethisch unproblematisch sein. Außerdem sollte das Verfahren die Testperson daran glauben lassen, sie würde dem Ziel ihrer Aggression tatsächlich einen physischen Schaden zufügen.

Die Forscher behalfen sich mit Soßen unterschiedlicher Schärfegrade. Diese sollten von einer Zielperson komplett verzehrt werden müssen. Je schärfer die Soße, desto aggressiver der Proband, lautet die Formel. Aber, wie schade, auch hier muss die Soße nicht wirklich verzehrt werden. Das innovative Forschungsinstrument besteht aus einer speziellen Mischung verschiedener, sehr scharfer Gewürzsoßen, die schon nach wenigen Tropfen extrem schmerzhaft ist. Die Substanz wurde aus zwei kommerziell verfügbaren Produkten mit folgenden Anteilen gemixt: Fünf Anteile Heinz Chilisauce und drei Anteile Tapatio Salsa Sauce. Der Hass hat einen Geschmack!

Um zu prüfen, ob die Menge der »verabreichten« scharfen Soße auch wirklich das Niveau der Aggressivität abbildet, entwickelten die Forscher außerdem ein entsprechendes Experiment. Die Auswertung der Ergebnisse zeigte deutlich, dass die Versuchsleiter den Probanden problemlos weismachen können, die Zielperson würde die ihr zugeteilte Menge scharfer Soße tatsächlich komplett konsumieren müssen. Die Probanden kennen aus eigener Erfahrung, dass feurige Soßen alles andere als ein Genuss sind. So zeigte das Experiment, dass die aggressiveren Probanden im Vergleich zu weniger aggressiven auch tatsächlich eine größere Menge scharfer Soße verteilten. Rache ist nicht süß, Rache ist Soße!

Quelle: Lieberman, Joel D./Solomon, Sheldon/Greenberg, Jeff/McGregor, Holly A. (1999): A hot new way to measure aggression: Hot sauce allocation, in: *Aggressive Behavior*, Nr. 25, S. 331–348.

Die Studie, die zeigt, wie man Walblas mit einem Hubschrauber sammelt

Die Forschung braucht Methoden zum Nachweis verschiedenster Ursachen von Infektionen: virale, bakterielle, protozoale – und wie die ganzen Übeltäter noch so heißen. Auch für Tierarten, bei denen man bisher nicht so leicht Proben entnehmen konnte. Das Einsammeln solcher Mikroorganismen bei Säugetierarten, die beispielsweise im Wasser leben, ist äußerst schwierig.

Wie fängt man am besten Blas, die nach dem Tauchen mit hohem Druck ausgestoßene, feuchte Atemluft aus dem Blasloch von Walen? Dieser faszinierende Springbrunneneffekt lockt Tausende Touristen zu Beobachtungstouren. Doch auch für Mikrobiologen ist die ausgepustete Atemluft der Wale verlockend – in ihr will man

Mikroorganismen aufspüren, die eine Schlüsselrolle in der Entwicklung von Walpopulationen spielen. Diese fiesen Erreger können die Ursache von Massensterben sein und stellen deshalb eine ernsthafte Bedrohung für die Tiere dar. Um brauchbare Proben zu erhalten, müssen sich die Forscher ganz nah an die feuchte Atemluft der Wale begeben. Aber wie kann man es schaffen, an den »Stoff« zu kommen, noch dazu möglichst einfach und kostengünstig? Bisher konnte man Proben nur von gestrandeten Walen entnehmen, wodurch deren wissenschaftliche Aussagekraft stark eingeschränkt ist. Ein kurzzeitiges Einfangen großer Wale ist praktisch unmöglich, wäre viel zu teuer und auch eine Gefahr für die empfindlichen Tiere.

Die Forscher entwickelten deshalb ein smartes Entnahmewerkzeug für Blas. Es besteht aus einer windschlüpfig designten Acrylplatte, auf der sechs sterile Petrischalen angebracht werden. Um das Sammeln von Proben aus einem größeren Abstand vom Boot zu ermöglichen, verwendeten die Forscher einen ferngesteuerten Modellhubschrauber, an den man die neuartige Sammelvorrichtung anbringen konnte. Das handelsübliche drei Kilogramm schwere Fluggerät wurde so für die Wissenschaft nutzbar gemacht und für die Arbeit im Golf von Kalifornien entlang der Pazifikküste eingesetzt.

Im Sinkflug genau über dem Atemloch konnten, mit etwa zehn bis dreißig Zentimeter Sicherheitsabstand, Proben entnommen werden. Der Helikopter wurde von einem erfahrenen Modellpiloten geflogen. Damit die Proben nicht durch Menschen verunreinigt wurden, trugen die Beteiligten zur Sicherheit Gesichtsmasken und Einweghandschuhe. Mit dieser Technik konnten die Forscher in einer Pilotstudie erfolgreich zweiundzwanzig

Proben von acht verschiedenen Walarten sammeln. Die große Wendigkeit, die niedrigen Kosten sowie das wenig ausgeprägte Ausweichverhalten der Großwale (nur Delfine entwischen immer wieder sehr schnell) machen den kleinen Heli zu einem nützlichen Instrument der Forschung. Und zu einem, das Spaß bringt, vermutlich auch. Eine kleine Revolution, denn routinemäßige Kontrollen waren bis dato nicht machbar – der »Blaskopter« macht dies nun möglich.

Fast alle Proben enthielten brauchbares Material, die Forscher fanden Atemwegsbakterien in fünfzig Prozent aller Proben. Ein kurzer Flug für einen Modellhelikopter, aber ein großer Schritt für den Schutz der Wale.

Quelle: Acevedo-Whitehouse, Karina/Rocha-Gosselin, Agnes/Gendron, Diane (2010): A novel non-invasive tool for disease surveillance of free-ranging whales and its relevance to conservation programs, in: *Animal Conservation*, Nr. 13, S. 217–225.

Die Studie, die zeigt, ob Arschgeweihe wirklich ein Blickfang sein können

Lohnen sich der Schmerz, die Zeit, das Geld und die gesundheitlichen Gefahren der Anschaffung eines Arschgeweihs? Sind Tattoos wirklich ein Hingucker?

Verhaltensbiologisch gesehen, signalisieren Menschen mit solchen Verzierungen ihre hohe Qualität als Sexualpartner; mit krassen Tattoos fällt man eben auf – sollte man meinen. Aber führen diese absichtlichen Veränderungen der Haut wirklich zu erhöhter Aufmerksamkeit? Dienen Tattoos tatsächlich biologisch gesehen als Signal im Kampf um den besten Partner? Wissenschaftler vermuten, dass durch diesen Körperschmuck eher Aufmerksamkeit erregt wird und der Träger damit längere Blicke auf sich zieht. Außerdem könnten Tätowierungen das Zeichen für Fitness und sexuelle Leistungsfähigkeit sein. Schenken Männer tätowierten Frauen mehr Aufmerksamkeit als untätowierten – und umgekehrt?

Arschgeweihglotzen für die Wissenschaft? Ganz so unterhaltsam war es dann für die beteiligten Forscher doch nicht – man setzte lieber auf objektive Verfahren. Die Wissenschaftler haben erstmalig eine Blickerfassungsstudie durchgeführt, um dieser Frage nachzugehen. Erst wenn die Forscher diese Frage bejahen können, sind Tattoos wirklich sexy.

Die Wissenschaftler verglichen den Signalwert von Tattoos mit anderen markanten Merkmalen wie Narben und Schmuck. Betrachtet wurden die Blickreaktionen von fünfzig Probanden, sechs davon waren selbst tätowiert. Bisher setzte man die Methode der Blickerfassung vor allem ein, um die Effektivität von Werbebotschaften zu testen. Nun, man kann damit aber auch erforschen, ob ein Arschgeweih wirklich einer der Punkte ist, der besonders genau betrachtet wird. Ist ein Tattoo so etwas wie ein Werbeslogan für den Körper des Trägers?

Den Testpersonen wurden in zufälliger Reihenfolge Bilder gezeigt, auf denen per Computer erstellte Personen zu sehen waren, sogenannte Avatare. Diese Bilder sollten sie sich für zehn Sekunden anschauen. Es gab drei männliche und drei weibliche Avatare, alle in Badebekleidung. Jeden Avatar gab es in vier verschiedenen Varianten: jeweils einmal ohne alles sowie je einmal mit Schmuck, Narbe oder Tattoo. Während die Probanden schauten, wurden ihre Blickbewegungen aufgezeichnet und analysiert. Die verwendete Technik erfasst die

Reflexion einer Infrarotquelle auf der Hornhaut und vergleicht diese mit der Pupillenposition. So kann man genau herausfinden, wohin die Testperson auf den Bildern geschaut hat.

Das Ergebnis zeigt, dass die Probanden die Tätowierungen eindeutig länger betrachteten als die Narben, den Schmuck oder die bloßen Körper. Der einfache Körper erhielt die geringste Aufmerksamkeit, gefolgt von Narben und Schmuck. Männer schauten übrigens besonders oft auf Narben und Tattoos beider Geschlechter. Generell zogen die weiblichen Modelle mit Tattoo häufiger Aufmerksamkeit auf sich – auch die der weiblichen Probanden. Ansonsten spielte weder das Geschlecht der Probanden noch das Geschlecht des Avatars eine besondere Rolle. Halten wir also fest: Das Arschgeweih ist zwar nicht mehr trendy, aber Glück gehabt, es lohnt sich trotzdem noch.

Quelle: Wohlrab, Silke/Fink, Bernhard/Pyritz, Lennart W./Rahlfs, Moritz/Kappeler, Peter M. (2007): Visual attention to plain and ornamented human bodies: an eye-tracking study, in: *Perceptual & Motor Skills Percept Mot Skills*, Nr. 104, S. 1337–1349.

Die Studie, die zeigt, wie sich Wissenschaftler selbst beklatschen

Es kommt nicht oft vor, dass Wissenschaftler beklatscht werden. Werden sie es dann aber einmal, so haben sie auch gleich eine Technik parat, mit der sie problemlos aus dem Klang des Klatschens die Details über die klatschenden Hände ableiten können. Wow! Die Forscher hören beim Klatschen genau hin und können gleich sagen, auf welche Art und Weise geklatscht wurde. Sicher arbeitet auch schon eine Forschergruppe daran, nur am Klang herauszufinden, wie jemand gepfiffen hat. Die Studie, mit der sich die Wissenschaft selbst auspfeift sozusagen. Aber das ist ein anderes Forschungsobjekt.

Zurück zum Klatschen. Mit künstlich erzeugten sowie »echten« aufgezeichneten Klatschtönen entwickelten die Forscher eine Software, die das Klatschen aus den Geräuschen der Umgebung herausfiltern kann. Man wollte testen, wie sich Mensch und Computer verstehen können. Computersysteme müssen in der Lage sein, Klänge zu erkennen, damit ein Benutzer sie auf diese Weise bedienen kann. Es handelt sich bei dieser »klatschtastischen« Untersuchung also um eine sogenannte Machbarkeitsstudie (Beifall!).

Um nun herauszufinden, wie gut die Software funktioniert, simulierte man verschiedene Arten von Applaus. Außerdem testeten die Forscher ihr System mit Aufnahmen realer Klatschgeräusche von Probanden. Irgendwie auch eine Art, sich selbst zu beklatschen. Die Wissenschaft hat, wie das Theater auch, ihre Claqueurs, die nach Aufforderung Applaus spenden, und setzt wie TV-Shows Klatschkonserven ein – gewissermaßen eine Art wissenschaftlicher Enthusiasmus auf Abruf.

Klatschen ist eine relativ primitive Art von Klängen. Jeder kennt Klatschsensoren, mit denen man das Licht an- oder ausschalten kann. Bisher berücksichtigte die Technik allerdings keine unterschiedlichen Handklatscharten. Ein Klatscher ist meist ein sehr kurzes Ereignis, es dauert typischerweise nur etwa fünf Millisekunden. Darum ist es für Computersysteme ziemlich schwer, Unterschiede zwischen den verschiedenen Arten des Klatschens zu erkennen.

Die Forscher haben herausgefunden, dass es acht Arten zu klatschen gibt, die jeweils unterschiedliche Klänge haben. Die Unterschiede ergeben sich aus der Weise, wie man seine Hände hält. Es gibt parallele und angewinkelte Handstellungen, die sich jeweils wiederum in flache, gekrümmte und reduzierte Formen unterteilen lassen. All diese Varianten erzeugen jeweils eigene Frequenzen. Diese Studie ist wohl die vollständigste Beschreibung der Klatschmechanik in der Wissenschaftsgeschichte (Beifall!).

Danach testete und verfeinerte man ein Konzept, mit dem sich unter Berücksichtigung verschiedener Eigenschaften die Klänge klassifizieren und bestimmten Klatschtypen zuordnen lassen. In mehreren Testkaskaden wurden Abfolgen von künstlichen und realen Klatschklängen getestet. Das System erkannte zuverlässig die abgespielte Art zu klatschen. Genauer: 71,7 Prozent bei künstlich erzeugtem Klatschen, 69,9 Prozent bei realen Klängen (Beifall, Jubel und Ovation!).

Quelle: Jylhä, Antti/Erku, Cumhur (2008): Inferring the hand configuration from hand clapping sounds, in: Proceedings of the 11th International Conference on Digital Audio Effects (DAFx-08), Espoo, Finnland.

Die Studie, die zeigt, was passiert, wenn man Geld vernichtet

Forschung ist aus finanzieller Sicht immer ein Risiko. Es ist keinesfalls gesichert, dass die Forschungsanstrengungen auch verwertbare Erkenntnisse liefern. Für viele Menschen ist Forschung deshalb oft nur unnötige und schwer nachvollziehbare Verschwendung von Steuergeldern. Noch gibt es kein Schwarzbuch mit dem Titel *Die wissenschaftliche Verschwendung* – zum Glück. Aber

Forschung kann auch auf viel direktere Weise Geld vernichten, indem sie als Teil eines Experiments tatsächlich echte Banknoten zerschnippelt. Was sagt wohl unser Gehirn dazu, wenn vor unseren Augen der »Traum in bar« zerplatzt und große Mengen an Bargeld vernichtet werden?

Dieser Frage ist eine aktuelle Studie nachgegangen, indem sie Geld streng nach Forschungsplan vor den Augen zwanzig dänischer Testpersonen vernichtet hat. Sämtliche Teilnehmer waren Dänen und damit entsprechend vertraut mit der heimischen Währung, dem Stimulus des Experiments. Die Probanden sahen fast hundertdreißig Videoclips von jeweils 6,5 Sekunden Dauer, von denen die Hälfte das Zerschneiden oder Zerreißen von Geldscheinen zeigte. Unentwegt echte Geldscheine zu vernichten, das kann sich keine Forschungseinrichtung leisten – selbst in Dänemark nicht.

Die Wissenschaftler zerstörten für diese Studie Banknoten mit einem Wert von jeweils entweder hundert Kronen (etwa dreizehn Euro) und fünfhundert Kronen (fast siebzig Euro). Zur Kontrolle behielt man auch dann das Gehirn im Blick, wenn ein wertloses Stück Papier der gleichen Größe zerstört wurde. Spezielle Scanner zeichneten währenddessen die Gehirnaktivitäten auf.

Das Ergebnis überrascht: Das durch die Vernichtung von Geldscheinen entstandene Aktivitätsmuster des Gehirns lässt sich mit den Mustern vergleichen, die entstehen, wenn Menschen Werkzeuge wie Hämmer oder Schraubenzieher benutzen. Der Anblick zerrissenen Geldes aktiviert Regionen der linken Hirnhälfte einschließlich des hinteren temporalen Kortex, der unteren Parietallappen und des seitlichen Precuneus. Die Aktivierung ist umso stärker, je höher der Wert der Banknote ist. Die

Probanden fühlten sich leicht unwohl, aufgeregt und ein wenig wie beim Heimwerken.

Die meisten Menschen, das zeigt die Studie, haben eine rein zweckgebundene Einstellung zum Geld, die zudem der Einstellung zu banalem Handwerkszeug gleicht. Und dies, obwohl ein Hammer viel konkreter und physischer ist als ein Geldschein, der ja eigentlich nur ein Stück Papier ist. Geld wird vom Gehirn als Mittel zum Zweck gesehen. Das Leitmedium der modernen Gesellschaft ist quasi eine Abwandlung des Hammers. Der Mammon ist tatsächlich schnöde!

Quelle: Becchio, Cristina/Skewes, Joshua/Lund, Torben E./Frith, Uta/Frith, Chris/Roepstorff, Andreas (2011): How the brain responds to the destruction of money, in: *Journal of Neuroscience, Psychology, and Economics*, Nr. 4, S. 1–10.

Die Studie, die zeigt, wie man Rattenzungen trainiert

In einer Tierstudie zum altersbedingten Muskelabbau und Kraftverlust der Zunge testeten Forscher tatsächlich, ob sich die Zungenmuskulatur von Ratten irgendwie steigern lässt. Für das Zungentraining entwarf man extra ein rattengerechtes Zungenfitnessgerät. Ratten-Bodybuilding für die Zunge? Rattenscharfer Experimental-Cunnilingus im Namen der Wissenschaft?

Der altersbedingte Muskelschwund der Zunge kann zu einer anhaltenden Schluckstörung führen, die das Wohlbefinden betroffener Menschen stark beeinträchtigt. Um mögliche therapeutische Gegenmaßnahmen zu entwickeln, erfanden die Forscher ein Tiermodell, mit dem man die Effekte von Krafttrainings auf die Muskelmasse und die Funktion der Zunge erforschen kann.

Man suchte also eine geeignete Ausgleichsmaßnahme zur direkten Behandlung der Zungenschwäche durch Zungenübungen. Da die Erforschung der biologischen Mechanismen nur schwer an menschlichen Probanden durchzuführen ist, entschied sich die Forscher stattdessen für Ratten. Dafür wurden Versuchsratten in drei Altersgruppen für acht Wochen in ein Krafttraining gesteckt. Die Wissenschaftler gingen davon aus, dass diese Übungen die Zungenkraft im Vergleich zu einer untrainierten Gruppe deutlich erhöhen. Man teilte die Ratten nach dem Zufallsprinzip in eine Übungs- und eine Kontrollgruppe auf. Den Tieren wurde der Zugang zum Trinkwasser beschränkt, um die Motivation für die Übungen zu erhöhen. Denn trainiert wurden die Ratten an einem Wasserbelohnungssystem, bei dem sie Zungenkraft aufwenden mussten, um an Trinkwasser zu gelangen. Jede Ratte, die eine zehnminütige Übungsphase absolvierte, hatte danach einen unbegrenzten Wasserzugang für fast drei Stunden. Die Ratten mussten für die Belohnung mindestens dreißigmal mit der Zunge den Widerstand einer Scheibe überwinden. Sie mussten diese Scheibe mit der Zunge so lange stark lecken, bis eine Computersteuerung die Belohnung freigab. Die Press- und Leckkräfte der Rattenzungen wurden automatisch gemessen und dokumentiert. Eine installierte Schutzvorrichtung verhinderte, dass die Ratten ihre Nase, Zähne oder Füße zur Entlastung der Zunge einsetzen konnten. Der Trainingsreiz wurde alle drei Tage erhöht.

Und tatsächlich steigerte sich die Zungenkraft; die Muskelmasse der Rattenzungen nahm zu. Die Gruppe der jungen Ratten hatte die größten Zuwächse. Die Zungenkraft aller Trainingsgruppen steigerte sich um durchschnittlich 222,9 Prozent. Bei den jungen Ratten war es sogar ein Kraftzuwachs von 254,2 Prozent, bei den alten waren es immerhin noch bemerkenswerte 158 Prozent. Der Zuwachs blieb sogar bei Gewichtsverlust bestehen.

Diese Ergebnisse lassen hoffen, dass auch ältere Menschen mit Zungentrainings den drohenden Schluckstörungen entgegenwirken können. Also, ab in den Zungenkraftraum!

Quelle: Connor, Nadine P./Russell, John A./Wang, Hao/Jackson, Michelle A./Mann, Laura/Kluender, Keith R. (2009): Effect of tongue exercise on protrusive force and muscle fiber area in aging rats, in: *Journal of Speech, Language, and Hearing Research*, Nr. 52, S. 732–744.

Die Studie, die zeigt, dass Menschen lieber das essen, was ihnen schmeckt

Zum Glück gibt es dieses Experiment. Jetzt lässt sich endlich ein Zusammenhang zwischen der Köstlichkeit einer Speise und deren Beliebtheit nachweisen. Forscher fragten sich, ob Leute schneller nach köstlichen Speisen greifen als nach weniger schmackhaften Alternativen. Und genau dies wurde auch bewiesen. Klingt banal, ist es dann aber doch nicht. Nachgewiesen werden konnte nämlich auch, dass schmackhaftere Lebensmittel weniger gekaut und gleichzeitig schneller geschluckt werden. Zwischen Schmackhaftigkeit und Kauaktivität besteht also ein negativer Zusammenhang. Je besser das Aroma, desto größer das stumpfsinnige Geschlinge?

Um dem auf den Grund zu gehen, ließen sich die Forscher etwas einfallen und entwickelten eine praktische Methode, mit der sich einiges in Erfahrung bringen lässt: die Dauer der Mahlzeit, die Anzahl der Kauvorgänge und der Auf-und-ab-Bewegungen des Kiefers pro Biss, die

Zahl der Schluckakte nach jedem Abbeißen, die Häufigkeit des Trinkens dazwischen und so weiter. Um all dies zu erfassen, machten die Forscher Messaufnahmen des Kauens und Schluckens direkt während der Mahlzeit, die aus zwei Quadratzentimeter großen Sandwiches bestand.

Den Probanden setzte man während der Testmahlzeiten ein leichtes Headset mit einem seitlich angebrachten Dehnungssensor auf, der die Bewegungen des Kiefers genau erfassen konnte. Außerdem schnallten die Forscher den Probanden mit einem elastischen Band einen kleinen wassergefüllten Ballon an die Kehle. Der Innendruck dieses Ballons veränderte sich durch das Schlucken, was ebenfalls registriert wurde. Die Forscher bezeichnen diese gekoppelte Messung des Kauens und Schluckens als »Edogramm«. Die Schmackhaftigkeit der fünf verschiedenen Sandwiches wurde durch Tests und anhand einer Geschmacksskala bewertet. Für jeden Probanden wurde so einzeln eine Hierarchie der Lieblingssandwiches erstellt. Und damit konnte man herausfinden, dass Geschmack die Essensrate steigert, indem er die Kauaktivität reduziert.

Bei den Sandwichvarianten, die eher weniger mundeten, wurde mehr gekaut. Klingt merkwürdig, ist aber so. Die leckersten Sandwiches wurden eher kurz heruntergeschlungen als richtig genossen. Je besser der Geschmack, desto weniger wurde gekaut. Und klar, am heftigsten und schnellsten wird zu Beginn der Mahlzeit geschlungen. Das Essverhalten wird also von Geschmacksmerkmalen der Nahrung beeinflusst, nicht aber von gesellschaftlichen Konventionen. Diese schreiben ja eher vor, gutes Essen länger zu genießen und sich mehr Zeit für das Kauen zu nehmen. Je höher der kulinarische

Genuss, desto genussfeindlicher die eigentliche Nahrungsaufnahme. Traurig, aber wahr: Je besser ein Koch also arbeitet, desto weniger schätzen seine Kunden diese Mühen.

Quelle: Bellisle, F./Guy-Grand, B./Le Magnen, J. (2000): Chewing and swallowing as indices of the stimulation to eat during meals in humans: effects revealed by the edogram method and video recordings, in: *Neuroscience and Biobehavioral Reviews*, Nr. 24, S. 223–228.

Die Studie, die zeigt, welche Pornos Frauen am liebsten schauen

Pornos gehören zum alltäglichen Handwerkszeug einiger Forscher. Wie bitte? Selbstverständlich konsumieren Forscher Pornografie nicht zur persönlichen Befriedigung. Die einschlägigen Filme werden tagtäglich von Wissenschaftlern genutzt, um die sexuelle Erregung des Menschen zu erforschen. Pornos sind also ein ernsthaftes Instrument der Forschung!

Die vorliegende Studie will genau den Typ Sexclip finden, der Frauen optimal heiß und willig macht. Das ist sinnvoll, wenn man zum Beispiel sexuellen Funktionsstörungen bei Frauen auf den Grund gehen möchte. Dazu braucht man auch zahlreiche Probanden, die man am besten mit Filmen möglichst schnell und stark erregt. Stark heißt, dass diese Filme geistig und genital möglichst zuverlässig sexuell erregend wirken. Ziel der Studie ist es also, genau das Sexfilmchen zu finden, das möglichst alle Frauen gleich gut geistig antörnt und körperlich erregt. Frauen lassen sich zum Unglück der Wissenschaftler nämlich nicht so leicht durch Pornofilme zu sexuellen Gefühlszuständen bringen wie Männer, denen im Prinzip gleichgültig ist, welchen Inhalt Pornos nun haben – solange es keine Affenpornos sind (siehe Seite 126). Die Männer machen es in dieser Hinsicht der Forschung viel leichter.

Erotische Filmausschnitte sind ein praktisches Hilfsmittel für die Wissenschaftler. Sie wirken relativ zuverlässig, sind überall verfügbar, kosten nicht viel und lassen sich gut handhaben. Bisher kamen in der weiblichen Sexualforschung Pornofilme zur Anwendung, die eher für Männer als für Frauen produziert wurden und deshalb auch Dinge zeigen, die weibliche Zuschauer eher als geschmacklos oder abstoßend empfinden. Das Interesse an geschlechtsspezifischen Unterschieden in der geistigkörperlichen Wahrnehmung von Pornos ist deshalb sehr hoch. Welche Filme braucht es also, um die Erregung bei Frauen zu maximieren? Welches Material funktioniert am besten, um Frauen zu stimulieren? Gehen bestimmte Genres des Pornofilms voll an der Frau vorbei?

Um den Zusammenhang zwischen weiblicher Erregung und den Inhalten erotischer Filme zu erfassen, wurden einundzwanzig Frauen insgesamt neunzig erotische Filmsequenzen gezeigt. Die Probandinnen sollten in einem Fragebogen angeben, ob sie das gezeigte Material geistig ansprechend und/oder körperlich erregend finden. Das Ergebnis zeigt, o Wunder, dass der erregendste Sexfilm für Frauen Heterobeischlaf mit vaginalem Geschlechtsverkehr zeigt. Am wenigsten erregend fanden Frauen homosexuelle Szenen unter Männern sowie Einstellungen, die Fellatio und Analverkehr zeigen.

Bisher ist recht wenig darüber bekannt, wie Frauen auf Pornografie mit all ihren tendenziell frauenfeindlichen Inhalten, Tabus und möglichen Bedrohungen für das weibliche Selbstbild reagieren. Bekannt ist aber, dass

Frauen beim Konsum von Pornografie öfter und stärker Schuldgefühle, Scham und Scheu verspüren als Männer. Und sie konsumieren auch durchschnittlich weniger Pornografie als die Herren der Schöpfung.

Um Licht ins Dunkel zu bringen, verwendete man ein breites Spektrum anregender Filme: von Softpornos bis zu Hardcorefilmen; alles, was die Topliste einer Videothek für Erwachsene zu bieten hat. Diese einminütigen Clips haben mal mehr, mal weniger eindeutig gezeigt, was Sache ist. Die Ethikkommission der Universität schrieb übrigens vor, dass alle Probandinnen schon mal Pornografie konsumiert haben mussten, um an der Studie teilnehmen zu können.

Als geistig wenig ansprechend und gleichzeitig körperlich nicht erregend wurden diejenigen Clips bewertet, es waren neun von neunzig, die überwiegend homosexuelle Handlungen zeigten. Zu der Gruppe der sowohl geistig als auch körperlich ansprechenden Ausschnitte zählten achtzehn Filmchen. Sie beinhalteten Vaginalverkehr, heterosexuellen Sex im Allgemeinen, Sex im Freien, die Missionarsstellung, die Reiterposition und die »Hundestellung«.

Das Ergebnis: Frauen haben eher einen konservativen Geschmack, was Sexfilme angeht. Was sie kennen, macht sie an. Mentaler Anspruch und körperliche Erregung bedingen sich dabei einander positiv. Je ansprechender der Clip geistig wahrgenommen wird, desto erregender wird er auch empfunden. Frauen finden also die Clips sexuell erregend, die mit ihren eigenen sexuellen Erfahrungen übereinstimmen. Frauen mögen Sexfilme, in denen Sex gewöhnlich erscheint und durchschnittlich aussehende Paare vaginalen Geschlechtsverkehr vollziehen. Je realistischer und authentischer die Szene, desto erregender.

Als mental abtörnend, aber körperlich erregend wurden Clips bewertet, die Gruppensex, Analsex und Fellatio zeigten. Also, meine Herren, wenn man sich von seiner Frau beim Filmchenschauen erwischen lässt, dann besser nicht beim Betrachten solcher Szenen.

Die Studie zeigt, dass es durchaus sinnvoll ist, die Auswahl erotischer Filmclips für die Erforschung der weiblichen Sexualität zu verbessern. Beim richtigen Griff ins Regal bringen erotische Filmausschnitte Frauen zuverlässig in einen Zustand geistigen Angetanseins und körperlicher Wollust. Nutze diese Erkenntnis, liebe Forschung!

Quelle: Woodard, Terri L./Collins, Karen/Perez, Mindy/Balon, Richard/Tancer, Manuel/Kruger, Michael/Moffat, Scott/Diamond, Michael (2008): What kind of erotic film clips should we use in female sex research? An exploratory study, in: *Journal of Sexual Medicine*, Nr. 5, S. 146–154.

Die Studie, die zeigt, dass Glück eine psychische Krankheit ist

Glücklich zu sein – das ist kein so großes Glück, wie die meisten Menschen meinen. Klingt verrückt? Ist es aus Sicht der psychologischen Forschung aber nicht. Fast jedes Lehrbuch beginnt mit seiner eigenen Sicht von Normalität und Krankheit. Denn nach wie vor rätseln die Psychologen daran, wie sich eigentlich »normal« definieren lässt. Unklar ist bis heute, wie man exakt zwischen gestörtem und normalem Erleben unterscheiden kann – die Schwelle ist stets unscharf. Dennoch wirbelt ein Forscher das psychologische Denkgebäude ziemlich durcheinander, wenn er in der hier vorgestellten Studie Glück als ein eindeutig gestörtes Empfinden betrachtet.

Der Psychologe schlägt vor, Glückseligkeit unter dem

neuen Namen »allgemeine affektive Geistesstörung, der angenehme Typus« in die künftigen Lehrbücher aufzunehmen. Nach seiner Meinung ist Glück eine Art Psychose – eine anhaltende, das Erleben und Empfinden einfärbende Störung der Stimmungslage, die sich erfreulicherweise angenehm anfühlt. Durch das »Angenehme« sieht man Glück eher nicht als »Krankheit« wie andere psychische Störungen. Dennoch schränkt Glückseligkeit das Leben des Glücklichen ein – das Angenehme vertuscht also nur den Krankheitswert des Glücks. Hilfe, ich bin glücklich – brauche ich jetzt einen Arzt?

Glück gehört zu den psychischen Störungen, für die es eigentlich keine messbaren körperlichen Anzeichen gibt. Als Forscher muss man sich gezwungenermaßen auf das verlassen, was der Glückliche einem über seine Befindlichkeit erzählt. Mit dieser Schwierigkeit kämpft man auch bei sehr vielen anderen psychischen Krankheiten. So scheint die Grenze zwischen Glück und dem Störungsbild der Manie nicht klar erkennbar zu sein. Es gibt Diagnosekriterien, die auf beide Zustände zutreffen; Glück wäre dann eine Art Manie, die zu enthemmtem Risikoverhalten und den damit verbundenen Peinlichkeiten führt. Schlaflos und ohne Appetit lebt man sich exzessiv in die Erschöpfung. Glück kann in den Augen unseres fleißigen Forschers schon allein deshalb als Krankheit angesehen werden, weil jede Abweichung vom »normalen« Verhalten dem Betroffenen in irgendeiner Form einen biologischen Nachteil bringen kann. Trotz eines Mangels an klaren Daten gibt es für ihn Grund zur Annahme, dass Glück einen biologischen Nachteil bedeutet – zumindest kurzfristig. So fördern verfügbare Daten einen Zusammenhang zwischen Glück und Fettsucht sowie Alkoholkonsum zutage. Das Risiko für das eigene Leben ist zwar überschaubar, unter Umständen kann man aber trotzdem nicht mehr im Frieden mit sich selbst und anderen leben.

Wirft man einen Blick auf die Verbreitung von Glück unter der Bevölkerung, ergibt sich ein interessantes Bild. Untersuchungen zeigen, dass durchschnittlich maximal nur ein Viertel der Bevölkerung »gestern sehr zufrieden mit den Dingen waren, so wie sie liefen«. Menschen, die bei einer Befragung zur Lebenszufriedenheit den Maximalwert angeben, sind eine Minderheit – in gewisser Weise also abnormal.

Unser Wissenschaftler kommt zu dem Schluss, dass Glück irrational ist. In seinen Augen lässt sich anhand irrationaler Handlungen am besten zwischen geistigen Störungen und normalem Verhalten unterscheiden. Ein Verhalten ist immer dann irrational, wenn wir nicht mehr so leistungsfähig wie gewohnt sind, unlogische Dinge tun oder uns total abgefahrene Sachen in den Kopf setzen.

Und tatsächlich, glückliche Menschen haben bei der Lösung banalster Aufgaben Schwierigkeiten. Es gibt Hinweise darauf, dass glückliche Menschen im Vergleich zu unglücklichen massive Schwierigkeiten haben, unschöne Erinnerungen aus dem Langzeitgedächtnis abzurufen. Wenn man seine eigene Vergangenheit nur gefiltert erinnert, führt das zu einer verzerrten Selbstwahrnehmung. Glückliche Menschen überschätzen zum Beispiel massiv ihren Einfluss auf äußere Ereignisse. Selbst bei völlig zufälligen Ereignissen sehen sie sich selbst als Auslöser und glauben, alles kontrollieren zu können. Zudem neigen glückliche Menschen dazu, ihre eigenen Leistungen unrealistisch positiv zu bewerten. Zu allem Überschwang haben sie auch den Hang zu der Annahme, andere Menschen teilten diese unrealistischen Ansichten.

Glück erfüllt also alle Kriterien einer psychiatrischen

Erkrankung. Der allgemeine Begriff »Glück« sollte wohl besser durch die Beschreibung als »affektive Störung der angenehmen Art« ersetzt werden.

Es ist nur eine Frage der Zeit, bis Psychiater damit beginnen, Strategien und Methoden für die Behandlung dieses Zustands zu ersinnen, Gesundheitsunternehmer Anti-Glückskliniken gründen, Pharmazeuten Anti-Glückspillen entwickeln und die Krankenkassen ihren Leistungskatalog entsprechend erweitern.

Quelle: Bentall, Richard P.(1992): A proposal to classify happiness as a psychiatric disorder, in: *Journal of Medical Ethics*, Nr. 18, S. 94–98.

Die Studie, die zeigt, dass Achterbahnfahrten gut gegen Asthma sind

Der »Blaskopter«, siehe Seite 34, ist nicht die einzige abgefahrene Methode der Forschung. Eine andere Studie zum Thema Stress und Asthma benutzt gleich eine ganze Achterbahn für ihre Zwecke. Ja, eine komplette Achterbahn! Eine wahrlich (achter-)bahnbrechende Studie!

Fünfundzwanzig junge Frauen mit schwerem Asthma und fünfzehn weitere Personen ohne Asthma wurden wiederholt in eine Achterbahn gesetzt, um auf diese Weise Stress bei ihnen auszulösen. Die Studie zeigt, dass vor einer Achterbahnfahrt negativer Stress und Blutdruck zunehmen sowie unmittelbar danach positiver emotionaler Stress und Herzschlag ihren Höhepunkt erreichen. Die Atemnot bei Frauen mit Asthma war kurz vor der Achterbahnfahrt höher als unmittelbar danach. Negativer Stress und höchste Erregung führt bei Personen mit chronischem Asthma zu Atemnot.

Wissenschaftler haben in diesem Feld häufig Probleme damit, dass asthmatische Personen über Atemnot klagen, obwohl keine Veränderung der Lungenfunktion messbar ist. Außerdem kommt es häufig vor, dass Asthmatiker selbst während eines messbaren Anfalls keine Atemnot haben. Die Forscher vermuten, dass Personen mit Asthma gelernt haben, negative Situationen und emotionalen Stress mit Atembeschwerden in Verbindung zu bringen, weshalb sie sie in solchen Situationen besonders wahrnehmen und überbewerten. Es kann auch zu einer entgegengesetzten Wirkung kommen, zu einer Unterwahrnehmung der Atemwegsverengung. Das ist möglich, wenn Asthmatiker fröhliche Situationen und Atmung ohne Atemnot in Zusammenhang bringen.

Genau diese Behauptung wollten die Forscher nun in einem Experiment nachweisen – mit einer Achterbahn. Während der Studie wurden Atemnot, Lungenfunktion und anderes (Übelkeit, Schwindel, Herzklopfen) gemessen. Die Forscher gingen davon aus, dass die positive emotionale Belastung nach einer Achterbahnfahrt die Wahrnehmung von Atemnot stört. Die Frauen mit Asthma würden dann weniger über Atemnot klagen. Es wurde außerdem erwartet, dass die Aussicht auf eine Achterbahnfahrt kurz vor der Fahrt negative Emotionen in Verbindung mit gesteigerter Herzfrequenz und erhöhtem Blutdruck hervorruft, kurz danach aber positive Empfindungen bei ebenfalls gesteigerter Herzfrequenz und erhöhtem Blutdruck.

Die Achterbahn ist im Gegensatz zu anderen Methoden der Stresserzeugung sehr praktisch, nicht gefährlich und ethisch vollkommen vertretbar. Da eine einzige sechsminütige Achterbahnfahrt die Herzfrequenz nicht ausreichend erhöht, fuhren die Probanden zweimal unmittelbar nacheinander. Dabei saßen sie niemals mit anderen Probanden zusammen, sondern ausschließlich mit Fremden. Da frühere Studien gezeigt haben, dass Frauen körperlich stärker reagieren als Männer, testete man nur weibliche Probanden. Selbstverständlich wurden den Patienten Asthmamittel verabreicht, wenn es nötig war.

Das Ergebnis zeigt, dass asthmatische Frauen tatsächlich stärkere Atemnot empfinden, wenn sie bei normaler Lungenfunktion unter negativem emotionalen Stress stehen. Bei positiver emotionaler Belastung und verringerter Lungenfunktion empfanden sie die Atemnot nicht in dem Maße. Erregung wurde also nur vor der Fahrt mit der Achterbahn als Atemnot empfunden, niemals danach.

Asthmapatienten haben also durch ihre Erfahrungen einen Zusammenhang zwischen negativen Gemütszuständen und Atemnot bekommen. Als grobes Fazit könnte man sagen, dass Achterbahnfahren Asthmabeschwerden verringert. Eine Achterbahnfahrt ist nicht nur lustig, sondern auch luftig ... und zum Durchatmen.

Quelle: Rietvelda, Simon/Beest, Ilja van (2006): Rollercoaster asthma: When positive emotional stress interferes with dyspnea perception, in: *Behaviour Research and Therapy*, Nr. 45, S. 977–987.

Die Studie, die zeigt, dass unser Gähnen für Hunde ansteckend ist

»Animalische Chasmologie«, die Wissenschaft vom Gähnen bei Tieren – diesen Forschungsstrang gibt es wirklich! Und Forscher dieser Disziplin wollten tatsächlich wissen, ob und unter welchen Bedingungen das menschliche Gähnen auch auf Hunde ansteckend wirkt. Gähn – wuff!

Ansteckendes Gähnen ist eigentlich ein gut dokumentiertes Phänomen. Man könnte sagen, es ist zum Gähnen langweilig, sich weiterhin damit zu beschäftigen. Bisher hat man ansteckendes Gähnen aber ausschließlich bei Menschen und Menschenaffen beobachten können. Spontanes Gähnen ist unter fast allen Wirbeltieren beobachtet worden, nicht jedoch ansteckendes Gähnen. Die Forscher untersuchten nun erstmals Hunde, die Spezialisten darin sind, Signale von Menschen zu erkennen und sich entsprechend zu verhalten. So können sie beispielsweise menschlichen Blicken folgen, wenn ihnen etwas gezeigt wird.

Ob das Einfühlungsvermögen zwischen Hund und Mensch so groß sein kann, dass sich sogar das Gähnen überträgt, wurde nun wissenschaftlich untersucht. Getestet wurden zwölf weibliche und siebzehn männliche Hunde, die mindestens vierzehn Wochen alt waren. Die Prüfung bestand aus zwei Reizen, die jeweils fünf Minuten dauerten, gefolgt von einer fünfminütigen Pause. Als Erstes gähnte eine Person genau dann, wenn der Hund Augenkontakt zu ihm aufgebaut hatte. Zur Kontrolle gab es auch eine Person, die nicht gähnte; alle weiteren Testbedingungen waren aber identisch. Das reflexhafte Verhalten der Hunde wurde auch gefilmt, sodass auch unabhängige Beobachter den Versuch und dessen Ergebnisse bewerten konnten.

Im Durchschnitt gähnten die getesteten Hunde 1,9 Mal. Über siebzig Prozent der getesteten Hunde mussten gähnen, was im Schnitt eine Sekunde dauerte. Um den Gähnreflex auszulösen, musste der Experimentator durchschnittlich 4,5 Mal gähnen. Es dauerte durchschnittlich rund vierzig Sekunden, bis die Hunde vom menschlichen Gähnvorgang angesteckt wurden. Unter den Kontrollbedingungen, also bei einer nicht gähnenden Person, gähnte keiner der Hunde.

Diese Studie beweist damit erstmals, dass selbst Gähnen auch über die Arten hinweg ansteckend wirken kann. Ein weiterer Erkenntnisschritt, der die Auflösung des Mysteriums Gähnen wieder ein Stück vorantreibt. Der zugrunde liegende Mechanismus ist aber weiterhin unklar. Synchrones Gähnen zwischen zwei unterschiedlichen Spezies ist damit genauso ungeklärt wie das zwischen zwei Menschen.

Normalerweise hält man ja beim Gähnen die Hand vor den Mund, Forschung hält den Hund vor den Mund des Versuchsleiters. Wissenschaft kennt keine kaschierenden Gesten!

Quelle: Joly-Mascheroni, Ramiro M./Atsushi, Senju/Shepherd, Alex J. (2008): Dogs catch human yawns, in: *Biology Letters*, Nr. 23, S. 446–448.

Die Studie, die zeigt, dass fetischistische Wachteln sexuell erfolgreicher sind

Ja, es stimmt wirklich: Fetisch-Wachteln vermehren sich erfolgreicher! Um dieser Tatsache auf die Schliche zu kommen, richteten Forscher zweiundsiebzig männliche Wachteln darauf ab, dass die Vögel sexuell auf ein Frotteeobjekt reagierten. Vorab stellten die Wissenschaftler sicher, dass die Tiere auch heterosexuell orientiert sind und in der Nähe von weiblichen Wachteln Lust auf Fortpflanzung verspüren.

Das Frotteeobjekt wurde für das Experiment konsequent bei Paarungsakten, sie dauern durchschnittlich fünf Minuten, zusammen mit einer zufällig zugeteilten weiblichen Wachtel ins Spiel gebracht. Das Objekt wurde jeweils dreißig Sekunden vor und nach dem Akt gezeigt. Bei etwa der Hälfte der männlichen Wachteln kam es nach durchschnittlich dreißig Versuchsdurchgängen zu einer auf das Frotteeobjekt bezogenen Konditionierung. Das war nicht zu übersehen, denn die Wachteln waren nun dazu geneigt, das Frotteeobjekt zu besteigen. Die Forscher »frottierten« gewissermaßen die Sexualität der Wachteln.

Später verglich man dann den Fortpflanzungserfolg der perversen Frotteewachteln mit dem der normalen Vögel. Nach fünfzehn Tagen betrachtete man die Fruchtbarkeit und die Effizienz des Fortpflanzungsakts. Immer dann, wenn das Fetischobjekt während der Kopulation präsentiert wurde, befruchteten die Fetischwachteln mehr Eier als ihre normalen Artgenossen. Und dies, obwohl sie umständlicher und langsamer beim Besteigen der weiblichen Wachteln waren und, ja, auch das können Forscher beurteilen, wenig effizient zu Werke gingen. Je schlechter das funktioniert, desto ineffizienter der Geschlechtsakt. Um sich erfolgreich fortzupflanzen, muss das Männchen das Weibchen am Nackengefieder packen und besteigen. Ohne diesen Griff verliert das Männchen den Halt und vermasselt den für den Geschlechtsakt notwendigen Kontakt beider Geschlechtsorgane.

Eigentlich ist ein Fetisch kontraproduktiv, da ja der Sex mit Objekten angestrebt wird, die sich nun mal nicht erfolgreich befruchten lassen. Bringt man jedoch das Fetischobjekt mit einem realen Sexpartner zusammen, dann sorgt ein Fetisch für erhöhte sexuelle Aktivität. Fetischwachteln fühlen sich von Frotteeobjekten angetörnt, brauchen länger, um auf die Weibchen zu kommen und sind ineffiziente Sexpartner. Aber sie befruchten mehr

Eier. Und das Ergebnis zählt. Die Forscher vermuten, dass das ungeschickte und weniger aggressive Verhalten der Fetischmännchen die weiblichen Wachteln empfänglicher machen könnte.

Überträgt man die Ergebnisse auf menschliches Sexualverhalten, stellen sich interessante Fragen darüber, wie ein Fetisch Mann-Frau-Beziehungen verändern kann. Werden Frotteeobjekte jetzt der Renner in den einschlägigen Geschäften?

Quelle: Cetinkaya, Hakan/Domjan, Michael (2006): Sexual fetishism in a quail (*Coturnix japonica*) model system: test of reproductive success, in: *Journal of Comparative Psychology*, Nr. 120, S. 427–532.

Die Studie, die zeigt, wie man die Penisvorhaut traumafrei aus dem Reißverschluss befreit

Eine schmerzhafte Angelegenheit, wenn man einem Reißverschluss zu nahe kommt: Die Reservehaut des Penis ist übersät mit empfindlichen Druckzellen, sogenannten Meissner-Körperchen. Noch bevor der Penis als erogene Zone entdeckt wird, ist er für Jüngere oft Ort unerträglicher Schmerzen. Nicht etwa aus medizinischen, religiösen, kosmetischen oder kulturellen Motiven, sondern aus Ungeschicktheit. Im frühen Kindesalter klemmen sich viele Männer aus Versehen fahrlässig die Penisvorhaut in den sonst so praktischen Reißverschlüssen ein. Das ist eine der häufigsten Verletzungen der Genitalien bei Kindern und auch eine der kompliziertesten, weil sie besonders schmerzhaft und mit viel Geschrei verbunden ist.

Ein indischer Mediziner hat anhand von drei Einklemmungen der Vorhaut, bei denen zweimal die Oberseite und einmal die Unterseite eingeklemmt war, eine besonders einfache und vor allem schmerzfreie Rettungsmethode entwickelt. In allen Fällen war die Vorhaut zwischen den Reißverschlusszähnen der beiden Seitenteile eingeschlossen. Der Mediziner versuchte, das übliche, aggressive Vorgehen bei diesen Fällen, wie etwa das teilweise Entfernen der Vorhaut oder die komplette Beschneidung, zu umgehen. Und so funktioniert es:

Nahe der eingeklemmten Vorhaut werden von der offenen Seite her mit einem normalen Drahtschneider die beiden Zahnreihen zerschnitten. Anschließend wird beidseitig der Stoff, an dem die Zähne des Reißverschlusses befestigt sind, eng an den Zähnen entlang bis an das untere Ende des Schiebers durchtrennt. Die obere und untere Seitenwand des Schiebers wird dann fest mit einer Zange gesichert und zusammengedrückt. Dadurch wird die Verzahnung der Krampen gelöst und die Vorhaut wird schmerzlos aus der Falle befreit. Klingt doch ganz einfach! Jetzt aber bitte nicht ausprobieren …

Quelle: Satish Chandra Mishra (2006): Safe and Painless Manipulation of Penile Zipper Entrapment, in: Indian Pediatrics, Nr. 43, S. 252–254.

Die Studie, die zeigt, was Mann beim Pinkeln stört

Manchmal führt die Wissenschaftler ihre Forschung an recht außergewöhnliche Orte. Zum Beispiel in die Herrentoilette. Wissenschaft am Abort sozusagen. Manchmal ist Forschung einfach Indiskretion per se. Für die Forscher ist das der ideale Ort, um Intimität zu erforschen: Dort, wo Männer urinieren, haben sie kaum die Möglichkeit zu entkommen, wenn sie gestört werden.

Wenn der Urinstrahl erst einmal plätschert, ist Weglaufen nicht mehr möglich. Genau an diesem Ort sollte erforscht werden, wie Mann reagiert, wenn jemand ihm zu nahe kommt. Kann er dann noch entspannt seine Blase leeren?

Betroffen von dieser Untersuchung waren sechzig zufällig ausgewählte männliche Toilettenbenutzer, an denen man nach dem Zufallsprinzip dieser Frage nachging. Das Experiment fand in einer Toilette mit drei Urinalen statt. Das Ergebnis zeigt: Wird dem Herrn zu nahe auf die Pelle gerückt, legt er verzögert mit dem Pinkeln los und nimmt sich obendrein weniger Zeit. Diese Ergebnisse liefern erstmalig den Beweis dafür, dass das Eindringen in den persönlichen Raum physiologische Veränderungen nach sich zieht. Dringt jemand zu sehr in den eigenen persönlichen Raum ein, führt dies zu einer Stresssituation. Obwohl dieses Phänomen längst bekannt ist, gibt es bis jetzt nur diese Studie, die die Gründe für das Auftreten dieses Verhaltens untersucht.

Die Urinale des Experiments waren offen und nebeneinander angeordnet, sodass man beim Pinkeln unter beengten Verhältnissen ohne privaten Raum auskommen muss. Man kann dort nicht ausweichen und sich auch nicht so schnell wieder entfernen. Die Probanden, die man vorher nicht darüber informierte, an was für einem Experiment sie teilnahmen, sollten stets das letzte Urinal in der Reihe benutzen. Ihnen folgte unmittelbar ein Mitarbeiter, der sich neben den Probanden stellte und seine Distanz schrittweise verringerte. Dadurch betrug der Abstand zwischen beiden »Pinkelnden« entweder rund fünfundvierzig Zentimeter oder ein Meter dreißig. Ein Beobachter maß dann anschließend bei der Testperson die Verzögerung und die Dauer des Wasserlassens. In der Kontrollgruppe waren die Probanden jeweils ganz allein auf der Toilette.

Um den Urinstrahl zu bemessen – Achtung, jetzt kommt der Hammer –, wurde eine Apparatur so platziert, dass man Ton- und Bildaufnahmen vom Unterleib der Probanden machen konnte. Dadurch war es den Forschern möglich, direkt den Urinstrom zu beobachten. Genauigkeit geht in der Forschung gelegentlich mit Unanständigkeit einher.

Am Ende kam heraus, dass enge Abstände zu einer Verzögerung und Verkürzung des Pinkelns führten. Damit ist wissenschaftlich bewiesen, dass die Erregung mit der Verringerung der zwischenmenschlichen Distanz steigt. Konkret: Je enger Männer an Urinalen zusammenstehen, desto länger dauert es durchschnittlich, bis sie zu urinieren beginnen; normalerweise geht es nach rund 4,8 Sekunden los, bei direkter Nachbarschaft erst nach 8,4 Sekunden. Außerdem nehmen bei direkter Pinkelbeckennachbarschaft Dauer und Stärke des Urinstrahls ab.

Ein Experiment, das Mann übrigens leicht beim nächsten Restaurantbesuch nachmachen kann.

Quelle: Middlemist, R. Dennis/Knowles, Eric S./Matter, Charles F. (1976): Personal space invasions in the lavatory: suggestive evidence for arousal, in: *Journal of Personality and Social Psychology*, Nr. 33, S. 541–546.

Die Studie, die zeigt, wie man die Orgasmushistorie einer Frau an ihrem Schritt erkennt

Kann man von der Gangart einer Frau auf deren Vergangenheit in Sachen Orgasmen schließen? Können Sexualwissenschaftler durch genaues Hinschauen erkennen, wie eine Frau zum Höhepunkt kommt oder nicht? Ja, das ist tatsächlich eine – augenscheinlich verrückte – wissenschaftliche Fragestellung. Für diese Studie wurde der Gang mehrerer belgischer Frauen auf der Straße gefilmt und dann den prüfenden Blicken der Wissenschaftler vorgelegt, die beurteilen sollten, ob die jeweilige Frau normalerweise einen Orgasmus – genauer, einen vaginalen Orgasmus – erreicht oder nicht. Zuvor hatte man die Frauen zu diesem Thema befragt, sodass man nachweisen konnte, ob die Forscher richtiglagen.

Die Gruppe der Testfrauen, alle jung und gesund, hatte je zur Hälfte Probleme und keine Probleme, einen vaginalen Orgasmus zu erreichen. Die Probandinnen wurden für dieses Experiment bei einem zweihundert Meter langen Spaziergang gefilmt – gewissermaßen auf der Promenade der Sexualwissenschaft. Dabei sollten sich die Frauen auf den ersten hundert Metern zunächst angenehme Gedanken machen. Für weitere hundert Meter waren sie angewiesen, an einen Mann zu denken, den sie lieben. Die dabei aufgezeichneten Videobänder wurden dann von zwei entsprechend ausgebildeten Professoren der Sexualwissenschaft sowie zwei weiblichen Hilfskräften auf die jeweilige Orgasmusgeschichte hin beurteilt. Kriterien hierfür waren die Freiheit, Flüssigkeit, Energie und Sinnlichkeit des Ganges, die auf Skalen von null bis zehn Punkten bewertet wurden. Das Ergebnis der Studie: Die Wissenschaft kann die weiblichen Erfahrungen mit vaginalen Orgasmen erfolgreich aus den Gangeigenschaften ableiten. Rund achtzig Prozent der Diagnosen lagen richtig. Diese Studie zeigt, dass Frauen mit erfolgreichen vaginalen Orgasmuserfahrungen ihr Becken und ihre Wirbelsäule beim Laufen stärker rotieren lassen. Auch die Schrittlänge ist charakteristisch für den Gang dieser Frauen. Orgasmen, die über die Klitoris ausgelöst werden, haben hingegen keinen sichtbaren Einfluss auf die Gangmerkmale. Aber was steckt dahinter? Orgasmen, die durch die Stimulation der Scheide und des Gebärmutterhalses ausgelöst werden, unterscheiden sich grundlegend von denen, die durch die Stimulation der Klitoris hervorgerufen werden. Die Erklärung ist, dass die beiden Stimulationen auf anderen Nervenwegen zum Gehirn übertragen werden: die klitorale Stimulation über einen Nerv im Rückenmark, die der Scheide und des Gebärmutterhalses durch die Becken-, Unterbauch- und Vagusnerven. Interessant ist dabei, dass selbst Frauen mit einem vollständig durchtrennten Rückenmark deshalb vaginale Orgasmen erfahren können.

Es ist allerdings nicht klar, ob die Art des Ganges das Resultat erfolgreicher vaginaler Orgasmen ist oder umgekehrt. So könnten die untersuchten Frauen beispielsweise zufriedener mit ihrer Sexualität sein, was dann auch im Gang zum Ausdruck kommt. Eventuell stehen vaginale Orgasmen auch im Zusammenhang mit einer glücklicheren Beziehung.

Obwohl nur wenige Frauen untersucht wurden, ist das Ergebnis durchaus interessant und könnte helfen, sexuelle Funktionsstörungen besser zu verstehen.

Quelle: Nicholas, Aurelie/Brody, Stuart/Sutter, Pascal de/Carufel, François de (2008): A woman's history of vaginal orgasm is discernible from her walk, in: *The Journal of Sexual Medicine*, Nr. 5, S. 2119–2124.

2 Die verrücktesten Fragestellungen

In diesem Kapitel sind die wohl absurdesten Fragestellungen der Wissenschaftsgeschichte versammelt. Lesen Sie hier, wie Forscher nach Versuchsplan selbst aberwitzigste Fragen zu beantworten versuchen. Hypothesen über die Abhängigkeit zwischen zwei Sachverhalten oder Ereignissen waren noch nie so unterhaltsam und skurril.

Die Studie, die zeigt, dass Bienen Gefühle bekommen, wenn man sie schüttelt

Wie fühlt es sich an, ein Insekt zu sein? Haben Insekten Gefühle? Besitzen sie zumindest Prozesse, die ein Gefühlserleben ermöglichen könnten? Steckt im festen Chitinpanzer ein weicher, ein emotionaler Kern? Wissenschaftler konnten nun nachweisen, dass Honigbienen in der Nähe der Universität von Newcastle so etwas wie Gefühle haben. Damit sind Bienen die ersten wirbellosen Tiere, bei denen man eine solche geistige Eigenschaft beobachten konnte, was bislang nur bei höher entwickelten Tierarten gelungen ist. Sind Honigbienen eigentlich Drama Queens – oder besser: Drama Bees?

Für die Forscher war es nicht leicht, derlei insektisches Innenleben zu erfassen und zu bewerten. Wie genau stellt man das subjektive Gefühlserleben eines Insektes fest? Das Kopfsegment der Biene mit den starren Facettenaugen, den Antennen und dem Mundwerkzeug gibt jedenfalls keine Auskunft – das perfekte Pokerface.

Um den Tieren Emotionen zu entlocken, griffen die Forscher auf ein trickreiches Experiment zurück, bei dem man von einer veränderten Verhaltensbereitschaft der Biene auf deren Gefühle schließt. Nur so konnte gezeigt werden, dass Bienen zu emotionalen Zuständen in der Lage sind, die man mit menschlichen Gefühlen vergleichen könnte. Zum Leid der Bienen testeten die Forscher aber nur negative Gefühlszustände, die die Tiere dazu veranlassen, Situationen nachteilig auszulegen.

Dazu mussten die Forscher die Bienen aber erst trickreich provozieren. Zunächst konditionierte man sie, indem man zwei verschiedene Geruchslösungen jeweils mit einer Belohnung oder einer Strafe verknüpfte. Dazu wurde den Testinsekten wiederholt eine süßliche Duftmischung präsentiert – eine Leckerei für Bienen. Der zweite Geruchsreiz bestand aus den gleichen Inhaltsstoffen, nur in entgegengesetzter Proportion, und wurde mit Chinin, einer für Bienen ungenießbaren Substanz, angeboten. Dadurch wurde der eine Duft von den Bienen als süßes Nahrungsmittel wahrgenommen, der andere als bitterer, ungenießbarer Stoff. Nach dieser Konditionierung reagierten die Bienen bei der ersten Mischung in Erwartung süßer Leckereien mit dem Ausfahren der Fresswerkzeuge, bei der zweiten Mischung hingegen mit klarer Abneigung.

Anschließend steckte man die Hälfte der Versuchsbienen in ein Gerät, das sie sechzig Sekunden lang wild schüttelte: Honig-Milkshake ohne Milch und Honig, aber mit Biene. Den verwendeten Apparat benutzen Forscher normalerweise, um Chemikalien zu mischen. In diesem Fall aber imitierte man so einen Raubtierangriff auf den

Bienenstock. Ganz klar, das macht keine Biene happy. Nach dieser Schüttelattacke sehen die Tierchen die Welt eher in einem düsteren Licht. Das Geschüttel macht Bienen nämlich pessimistisch.

Nun konnten die Forscher mithilfe eines dritten Reizes die Gefühlswelt ergründen. Dazu wurden beide Gruppen, die geschüttelten und die ungeschüttelten Bienen, mit fünf abgestuften Mischungen der oben beschriebenen Düfte getestet. So ergab sich ein Duftkontinuum zwischen eindeutigen bis weniger eindeutigen süßen und abschreckenden Düften. Der dritte Reiz bestand also aus verschiedenen Mischungen beider Düfte. Damit war für die Bienen jeweils unklar, ob es sich wirklich um ein süßes oder bitteres Nahrungsmittel handelte.

Die durchgeschüttelten Bienen reagierten nach dem Schütteln zwar wieder normal auf die beiden eindeutig mit einer zuckersüßen beziehungsweise bitteren Speise assoziierten Düfte, aber zurückhaltender als ihre nicht geschüttelten Artgenossen auf die Mischversionen der drei unklaren Düfte. Die Forscher sehen dieses zögernde Verhalten als Beweis einer inneren Verstimmtheit, einer inneren Niedergeschlagenheit. Während die ungeschüttelten Bienen eher optimistisch davon ausgingen, dass auch die uneindeutigen Düfte zu süßen Nahrungsmitteln führen würden, erwarteten die geschüttelten Insekten eher das Gegenteil.

Im Vergleich zur schier endlosen Vielfalt menschlicher Emotionen wirken diese Ergebnisse etwas simpel. Dennoch sind die depressiven Zustände ein Beweis für die emotionalen Fähigkeiten des Insektenhirns. Damit ist dieses Experiment die bisher objektivste verfügbare Methode zur Aufdeckung von Insektengefühlen.

In einer weiteren neurochemischen Untersuchung

konnte man zudem feststellen, dass die Gehirne der geschüttelten Bienen eine veränderte Konzentration spezieller Neurotransmitterstoffe aufweisen, die für depressive Zustände typisch ist. Kurz gesagt: Die geschüttelten Bienen handelten depressiv-pessimistisch, sie neigten dazu, das Glas als halb leer zu betrachten – trotz Nervensystem und Hirnstruktur in simpelster Form.

Zeit also, sich in die Bienen, Hummeln und Wespen hineinzuversetzen, denn auch die haben Gefühle. Mehr Herz für Insekten!

Quelle: Bateson, Melissa/Desire, Suzanne/Gartside, Sarah/Wright, Geraldine A. (2011): Agitated honeybees exhibit pessimistic cognitive bias, in: *Current Biology*, Nr. 21, S. 1070–1073.

Die Studie, die zeigt, ob Katzen mit dunklem oder mit hellem Fell gefährlicher für Allergiker sind

Katzenhaaren haftet das kleine und leichte Allergen mit der Bezeichnung »Fel d 1« an – der Albtraum jeder Beziehung zwischen Allergiker und Katze. Aber reagieren Allergiker jeweils unterschiedlich auf die Allergene von Katzen mit dunklem, hellem oder geschecktem Fell? Ist die Katzenhaarallergie farbig? Um welche Fellfarbe sollte man den größten Bogen machen? Wissenschaftler, eher eine Art Staubforscher, haben dazu eine Studie entworfen, die dieses Allergen in Zusammenhang mit der Fellfarbe untersucht.

Dazu sammelten die Forscher Staub aus zweiundvierzig Haushalten, in denen Katzen leben. Wie praktisch, wenn Forscher mit ihren speziellen Staubsaugern den Putztag übernehmen! Vielleicht klingelt ja auch mal einer bei Ihnen. Wichtig war bei der Auswahl der Testhaushalte, dass sich die Katze auch tatsächlich regelmäßig im Wohnzimmer aufhält – es geht ja schließlich um Hauskatzen. Man notierte sich die Fellfarbe des Stubentigers und ermittelte anschließend den Allergengehalt der Staubproben.

Der Vergleich zwischen den Haushalten mit dunklen und denen mit hellen Katzen ergab, dass die Fellfarbe der Katzen keinen Einfluss auf die Menge der im Staub enthaltenen Allergene hat. Es gibt also keine farbspezifische Gefahr für allergische Schnupfen- oder Asthmaanfälle. Dem schwarzen Kater lässt sich also kein erhöhtes Allergierisiko in die Schuhe schieben.

Quelle: Siebers, Robert/Holt, Shaun/Peters, Sue/Crane, Julian/Fitzharris, Penny (2001): Fel d 1 levels in domestic living rooms are not related to cat color or hair length, in: *Journal of Allergy and Clinical Immunology*, Nr. 108, S. 652–653.

Die Studie, die zeigt, dass Heavy-Metal-Musik wie eine Schlägerei wirkt

Um das Risiko traumatischer Hirnverletzungen und massiver Nackenschmerzen infolge von Headbanging zu Heavy-Metal-Musik machten sich bisher nur besorgte Eltern Gedanken. Jetzt aber gingen Wissenschaftler systematisch an dieses Problem heran, mit Beobachtungsstudien, Gruppenbefragungen und biomechanischen Analysen.

Beim Headbanging und ähnlichen Tanzstilen zu populärer Heavy-Metal-Musik kommt man auf eine mittlere Kopfschüttelfrequenz von 146 Bewegungen pro Minute. Dabei wird der Kopf horizontal um bis zu fünfundsiebzig Grad bewegt. Die Forscher schlagen in ihrem Fazit übrigens Schutzbekleidung sowie das Wechseln des Musikstils vor. Jedes Heavy-Metal-Konzert führt demnach zu ähnlichen körperlichen Schädigungen wie eine Schlägerei. Sind Sensibilisierungskampagnen und Warnhinweise auf CDs nötig? Ist Led Zeppelins Erfindung des Headbangings wirklich so gefährlich?

Tatsächlich: Was ungewohnten Hörern in den Ohren schmerzt, das spüren Fans der Musik- und Tanzrichtung sogar am eigenen Leib. Hardrock und die verschiedenen Subgenres des Heavy Metal stehen für etwa dreißig Prozent aller Plattenverkäufe in den USA. Bei der dazugehörigen Tanzbewegung wird der Kopf im Takt der Musik vor, zurück oder seitwärts bewegt – manchmal aber auch in alle Richtungen gleichzeitig. Echte Headbanger haben so einiges zu bieten.

Die Basis der Untersuchung bildet ein aus einer Beobachtungsstudie gewonnenes theoretisches Modell des Bewegungsablaufs beim Headbanging. Die Forscher simulierten mit diesem Modell die typischen Ausprägungen von Beugungsstärke, Frequenz und Streckung der Kopf- und Halswirbelsäulenbewegungen. In das Modell integriert wurden Grenzwerte oder Schadensschwellen für Kopf- und Genickverletzungen.

Die Wissenschaftler luden die Fans auch zu einer Diskussionsgruppe ein und baten sie darum, für beliebte Heavy-Metal-Songs die Geschwindigkeit der dazu passenden Kopfneigebewegungen zu bestimmen. Die Forscher verzichteten auf die direkte Messung der Beats pro Minute, weil damit nicht die subjektive Wahrnehmung der Headbanger abgebildet wird. Nachdem man das durchschnittliche Headbanging-Tempo der einzelnen Songs bestimmt hatte, wurden Modellrechnungen durchgeführt.

Ab einem Tempo von 146 Schlägen pro Minute kommt es zu geringen Hirnschädigungen, wenn der Kopf dabei in einem Radius von fünfundsiebzig Grad auf und ab bewegt wird. Die Folgen sind Kopfschmerzen, Benommenheitsgefühle und Schwindel. Ab einem 105-Grad-Radius wird die Schwelle zu Nackenwirbelschäden überschritten. Hämmert der Song mit rund 180 Schlägen in der Minute und kommt es zu 120-Grad-Bewegungen, kann das zu langfristigen Schädigungen führen. Das jedenfalls zeigte das theoretische Modell. Wiederholtes Kopfnicken ist eine denkbar ungünstige Art der Bewegung. Und die Wissenschaft hat es mal wieder bewiesen, was sicherlich zu Kopfschütteln bei Hardrock-Fans führt – aber bitte nicht zu heftig. Indirekt zeigt die Studie auch, dass Fans anderer Musikrichtungen, die in Schlägereien verwickelt sind, gewissermaßen Heavy Metal hören – selbstverständlich rein auf das Resultat bezogen.

Quelle: Patton, Declan/McIntosh, Andrew (2008): Head and neck injury risks in heavy metal: head bangers stuck between rock and a hard bass, in: *British Medical Journal*, Nr. 17, S. 1–4.

Die Studie, die zeigt, dass Wissenschaft eigentlich doch nicht witzig ist

Es gibt tatsächlich eine wissenschaftliche Studie, die prüft, ob Wissenschaftler Sinn für Humor haben. Israelische Forscher interessierte es brennend, ob eine wissenschaftliche Publikation häufiger zitiert wird, wenn sie einen witzigen Titel trägt. Ernst ist das Leben, heiter die Wissenschaft – oder die Wissenschaftler?

Die Eigenschaften des Titels eines wissenschaftlichen

Textes haben entscheidenden Einfluss darauf, ob dieser Artikel auch gelesen und zitiert wird. Der Titel ist einer der wichtigsten Hinweise auf den Inhalt. Doch auf welche Weise kann ein lustiger Titel zum Lesen und Zitieren verlocken?

Die Anzahl der Zitationen, also der Verweise auf eine wissenschaftliche Arbeit, ist wohl die wichtigste Währung in der Wissenschaft. Die Zitationsrate dient als Maß für den Erfolg einer wissenschaftlichen Arbeit. Je häufiger ein Forscher zitiert wird, desto angesehener ist er in der Wissenschaftsgemeinschaft. Akademiker der verschiedensten Disziplinen versuchen deshalb, durch interessante, eingängige Titel möglichst viele Leser zu gewinnen und damit die Chance zu erhöhen, von anderen gelesen und zitiert zu werden. Eine ausgefuchste Variante davon sind humorvolle Titel. Doch verstehen Wissenschaftler wirklich Spaß? Oder mindern amüsante Titel eher die Attraktivität und Glaubwürdigkeit sowie die damit verbundene Zitierfähigkeit eines Artikels? Um das herauszufinden, verglichen die Forscher die Häufigkeit von Zitaten wissenschaftlicher Artikel mit amüsanten Titeln mit denen der Texte, die nüchterne Titel hatten.

Die Datengrundlage bildeten die Zitationsraten zweier hochrangiger Fachzeitschriften der Psychologie, die des *Psychological Bulletin* und die der *Psychological Review*. Da alle Artikel aus Fachzeitschriften stammen, ist deren wissenschaftliche Qualität gesichert; sie durchliefen jeweils von mehreren Fachleuten unabhängig voneinander erstellte Gutachten.

Für das Experiment bewerteten acht Psychologiestudenten die Titel von rund tausend wissenschaftlichen Fachartikeln danach, wie amüsant sie diese fanden. Die Studenten waren im Hauptstudium und der englischen

Sprache mächtig. Man darf also davon ausgehen, dass sie die Fachsprache korrekt verstehen konnten und so in der Lage waren, die humoristische Qualität zu beurteilen. Hierfür durften sie Noten von eins bis sieben vergeben. Die Forscher wollten anschließend der durchschnittlichen monatlichen Anzahl der Zitationen den jeweiligen Spaßfaktor der studentischen Jury gegenüberstellen.

Das Ergebnis zeigt, dass das humoristische Niveau eines Titels keinen positiven Einfluss auf das Zitiertwerden hat. Studien mit witzigen Titeln haben allerhöchstens moderate Zitationsraten.

Die Forscher verglichen aber auch die Anzahl Titel mit besonders hohen Humorwerten mit denen, die nur mäßig amüsant waren. Nur knapp siebzig Titel wurden in Sachen Witzigkeit sehr hoch bewertet. Allein daran kann man schon sehen, dass Wissenschaft eine überwiegend bierernste Angelegenheit ist. Dabei stellte sich heraus, dass die Artikel mit amüsanten Titeln 33,4 Prozent weniger zitiert wurden. Je lustiger der Titel, desto weniger Zitationen und desto geringer die wissenschaftliche Anerkennung. Da hält sich der Spaß in Grenzen.

Die Studie weist klar nach, dass Wissenschaftler eigentlich keinen Spaß verstehen. Humor, zumindest im Titel, wird von der Wissenschaftsgemeinschaft mit einem Drittel weniger Zitaten bestraft. Wissenschaftler sind echte Spaßbremsen, die eigentlich nicht auf heitere Art mit ihren Forschungen spielen. Ein Hinweis darauf, wie anarchisch dieses Buch ist.

Quelle: Sagi, Itay/Yechiam, Eldad (2008): Amusing titles in scientific journals and article citation, in: *Journal of Information Science*, Nr. 34, S. 680–687.

Die Studie, die zeigt, dass jedes Kätzchen seine Lieblingszitze hat

Katzenjammer um die Milch? Eine Studie untersuchte den Zusammenhang zwischen dem Säugen und der Gewichtszunahme von zweiundfünfzig Kätzchen frei lebender Hauskatzen. Man untersuchte den Nachwuchs bis knapp einen Monat nach der Geburt, kurz vor dem Ende der Säugezeit. Man betrachtete nicht nur die Milchaufnahme, sondern auch den Wettbewerb um den Zugang zu den einzelnen Brustwarzen.

Bei dieser Studie haben die Forscher erstmals das Säugeverhalten junger Hauskatzen in natürlicher Umgebung untersucht. Ähnliche Forschungsbemühungen wurden bisher nur im Labor unternommen. Zwei Tage nach der Geburt begann die Beobachtungsphase. Die mittlere Beobachtungszeit der drei Beobachter belief sich auf 15,7 Stunden pro Tag und Wurf. Die vier symmetrischen Zitzenpaare der Katzenmütter wurden von den Forschern nummeriert. Man dokumentierte die Zeit, die jedes Kätzchen an einer Zitze verbrachte.

Nach der Geburt dauerte es durchschnittlich zwölf Stunden, bis die Kätzchen erstmalig an einer Zitze hingen – und dieser treu blieben. Die durchschnittliche Saugzeit betrug fünfzehn bis fünfundzwanzig Sekunden, dabei trank jedes Kätzchen etwa zwei bis fünf Gramm Milch. Die Milchmengen der einzelnen Zitzen gleichen sich im Durchschnitt. Alle Kätzchen bekamen also eine ähnliche Menge Milch. Die Forscher fanden keine Hinweise auf eine unterschiedliche Milchqualität der verschiedenen Zitzen.

Die Forscher stellten fest, dass die kleinen Kätzchen bereits innerhalb der ersten zwölf Stunden nach der Geburt eine stark ausgeprägte Vorliebe für die hinteren Brustwarzen der Mutter zeigten. Nach drei Tagen hatte dann jedes Kätzchen auch seine ganz spezielle Lieblingszitze auserkoren. Die Vorliebe war so stark, dass durchschnittlich sechsundachtzig Prozent der Kätzchen stets denselben Nippel aufsuchten. Sie wählten ihn selbst dann, wenn die Mutter zum Stillen die Seite wechselte. Jede kleine Katze hat also einen Hang zu einer bestimmten Saugstelle.

Folglich waren die einzelnen Zitzen erstaunlicherweise wenig umkämpft. Im Durchschnitt kam es pro Stunde nicht einmal zu zwei kleinen Rangeleien um den Zugang zu einer bestimmten Zitze. Der interessanteste Befund ist allerdings, dass die Kätzchen dabei nicht um die Zitzen mit der größten oder besten Milchproduktion konkurrierten. Der Hang zu einer Brustwarze hat offenbar nichts mit deren Milchqualität zu tun. Die Forscher konnten nämlich nachweisen, dass die Wahl der Zitze keinen Einfluss auf das Gewicht, die individuelle Milchaufnahmemenge oder das Konkurrenzverhalten der Katzenkinder hat. Man geht vielmehr davon aus, dass sich die Kätzchen willkürlich an eine Zitze binden. Es gibt demnach keine De-luxe-, wohl aber Lieblingszitzen. Durch die früh ausgebildete Vorliebe der Kleinen wird vermutlich eher ein schädlicher Wettbewerb unter den Geschwistern verhindert. Man könnte sagen, es kommt zu einem zufallsgesteuerten Laktationssozialismus mit egalitärer Kätzchenversorgung. So wird im Prinzip eine optimale Versorgung der Nachkommenschaft erreicht.

Die Kätzchen bleiben süß, denn anders als etwa Hausschweinchen, Tüpfelhyänchen, Kaninchen, Pelzröbbchen und Seelöwchen sind sie nicht futterneidisch und entpuppen sich unter genauer wissenschaftlicher Beobachtung nicht als egoistische Rivalen um den Zitzenzugang. Bei anderen Tieren kommt es zu wilden Verteilungskämpfen, um einen monopolartigen Zugang zu besonders ergiebigen Drüsen zu sichern. Aber nicht bei Kätzchen, sie bleiben ein Aushängeschild des Kindchenschemas. Kommt es unter ihnen zu Zusammenstößen, dann ist dies nicht die Folge von Futterneid, sondern ein Nebenprodukt der für Säuglinge charakteristischen höheren Erregung und Dusseligkeit. Ihre Niedlichkeit wird also glücklicherweise nicht durch egoistisches Konkurrenzverhalten konterkariert – Kätzchen bleiben auch nach strenger und sachlicher wissenschaftlicher Beobachtung einfach nur süß.

Quelle: Hudson, Robyn/Raihani, Gina/González, Daniel/Bautista, Amando/Distel, Hans (2009): Nipple preference and contests in suckling kittens of the domestic cat are unrelated to presumed nipple quality, in: *Developmental Psychobiology*, Nr. 51, S. 322–332.

Die Studie, die zeigt, wer tatsächlich der weltbeste Springer ist

Normalerweise laufen Flöhe lediglich, wenn sie sich in den Haaren von Hunden und Katzen befinden. Gesprungen wird nur, wenn ein junger Floh im geschlechtsreifen Zustand erstmalig einen Wirt befallen will, die Flöhe diesen verlassen, wenn sie gestört werden oder der Wirt gestorben ist. Der Floh an sich springt nicht gern. Das Sprungwunder schlechthin ist sprungfaul.

Da Sprünge bei Flöhen relativ selten sind, gibt es zu diesem Thema nicht viele Studien. Man weiß beispielsweise fast nichts über die Sprungkünste des Katzenflohs. Und überhaupt nichts weiß man über die des Hundeflohs. Hier wollten Forscher Abhilfe schaffen und maßen Sprungweite und -höhe dieser beiden Arten unter gleichen Bedingungen. Dazu verwendeten die Forscher zwei Kolonien, einmal die eines Katzen- und einmal die eines Hundeflohstammes. Sie stammten von wilden Flöhen ab und wurden im Labor gezüchtet.

Insgesamt gab es in dieser Studie vierhundertfünfzig Flöhe derselben Art, davon vierzig Prozent männlich und sechzig Prozent weiblich. Jeweils zwei gerade erwachsen gewordene Flöhe derselben Art wurden auf einer weißen, klebrigen Kunststoffplatte dem Test unterzogen. Auf dieser Platte hielten die Forscher mittig einen kleinen, zwei Quadratzentimeter umfassenden Fleck frei von Klebstoff. Genau an dieser klebefreien Stelle positionierten sie dann den jeweiligen Untersuchungsfloh. Sprang der Floh von dort los, blieb er anschließend irgendwo auf der Kunststoffplatte haften – diese Entfernung wurde dann gemessen und dokumentiert. Da Flöhe chaotisch und ungerichtet zu springen pflegen, ist dies die bislang einzige Methode, um die Länge von Flohsprüngen zu messen. Aus demselben Grund ist auch das Messen der Sprunghöhe etwas umständlich.

Die Forscher maßen diese, indem sie jeweils einen Floh der beiden untersuchten Arten in eine zylindrische Kunststoffröhre steckten, die so lange Stück für Stück verlängert wurde, bis kein Floh mehr springend an die Decke der Röhre gelangte. Die auf diese Weise ermittelte Röhrenhöhe entspricht dann der maximalen Sprunghöhe.

Der Katzenfloh schaffte eine durchschnittliche Sprunglänge von 19,9 Zentimetern und eine maximale Sprunglänge von ganzen 48 Zentimetern. Die Sprünge des Hundeflohs gingen deutlich weiter; deren durchschnittliche Länge betrug 30,4 Zentimeter. Der weiteste gemessene Einzelsprung eines Hundeflohs kam auf ganze 50 Zentimeter. Hundeflöhe sprangen durchschnittlich 15,5 Zentimeter, Katzenflöhe immerhin noch auf 13,2 Zentimeter hoch. Der höchste gemessene Einzelsprung lag bei 25 Zentimetern, der Rekord wurde von einem Hundefloh aufgestellt. Der höchste gemessene Einzelsprung eines Katzenflohs betrug 17 Zentimeter. Nun ja, wenn sie denn springen. Die besten Springer sind somit die Hundeflöhe. Ein kleiner Versuch der Wissenschaft, aber ein großer Flohsprung der Erkenntnis.

Quelle: Cadierguesa, Marie-Christine/Jouberta, Christel/Franc, Michel (2000): A comparison of jump performances of the dog flea, *Ctenocephalides canis* (Curtis, 1826) and the cat flea, *Ctenocephalides felis felis* (Bouché, 1835), in: *Veterinary Parasitology*, Nr. 92, S. 239–241.

Die Studie, die zeigt, dass Schwertschlucken Halsschmerzen verursacht

Auch diese Studie zeigt wieder einmal, wie sehr die Wissenschaft an den ganz alltäglichen Fragestellungen interessiert ist, die uns alle betreffen können. Die Forschung zeigt Schwertschluckern und allen, die es werden wollen, dass es vor allem durch Ablenkung während einer Vorstellung zu schwerwiegenden Komplikationen kommen kann. Auch die Benutzung ungewohnter Schwerter sowie das Schwertschlucken nach Verletzungen sind besonders gefährlich. Zu größeren Blutungen im Magenbereich kommt es nur sehr selten, Berichte über Tote gibt es keine. Die inneren Verletzungen betreffen hauptsächlich die Speiseröhre und haben in der Regel eine gute Heilungsprognose.

Am häufigsten leiden Schwertschlucker jedoch unter lästigen Halsschmerzen, insbesondere in Übungsphasen, in denen sie sich ihr Schwert sehr häufig wiederholt in den Rachen stecken. Nebenwirkung Nummer eins des Schwertschluckens sind demnach Halsschmerzen.

Allgemein stellt man sich diese Performancekunst etwas gefährlicher vor. Ein Schwert, es muss mindestens achtunddreißig Zentimeter lang sein, damit man offiziell als Schwertschlucker gilt, vom Mund über die Speiseröhre bis in den Magen zu schieben, führt bloß zu Halsschmerzen? Da ist ja vermutlich der Brechreiz unangenehmer, den die Künstler unterdrücken müssen, denn das Einführen der Klinge durch die Kehle ruft meist den natürlichen Würgreflex hervor. Die typische Berufskrankheit eines Schwertschluckers sind aber Halsschmerzen. Das ist die Profanität hinter dem großen Schauspiel. Das muss man erst mal schlucken.

Die Studie zeigt zwar, dass das Schwertschlucken kaum ernsthafte medizinische Komplikationen nach sich zieht, aber ganz so harmlos ist es dann auch wieder nicht. Dadurch, dass die Klinge gänzlich von der Speiseröhre aufgenommen wird, kann es gelegentlich doch zu schwereren Verletzungen kommen.

Die Forscher starteten eine Befragung professioneller Schwertschlucker, in der diese angeben sollten, wie oft sie ihrer Tätigkeit nachgehen und mit welchen medizinischen Problemen das bisher für sie verbunden war. Einhundertzehn Schwertschlucker aus sechzehn Ländern wurden befragt, achtundvierzig von ihnen antworteten.

Neunzehn Schwertschlucker klagten über Halsschmerzen, sechs hatten schon mal eine Verletzung des Rachens oder der Speiseröhre erlitten und drei wurden sogar bereits am Hals operiert. Andere zogen sich Rippenfellentzündungen zu. Sechzehn der Künstler erwähnten bei der Befragung Blutungen. Die auftretenden Halsschmerzen bezeichneten sie als »Schwertkehle«.

Zu Unfällen kam es vor allem, wenn ungewöhnliche oder gleich mehrere Schwerter verwendet wurden. Einer verletzte sich gar mit einem krummen Säbel. Auch Ablenkung während der Performance stellt eine nicht zu unterschätzende Gefahr dar. Insgesamt zwölfmal kam es zu ernsten Verletzungen. Besonders gefährlich ist übrigens Trockenheit im Hals, zu der es in Zusammenhang mit Nervosität kommt. Genau dann, wenn auch einem normalen Menschen das Schlucken schwerfällt.

Quelle: Witcombe, Brian/Meyer, Dan (2006): Sword swallowing and its side effects, in: *British Medical Journal*, Nr. 333, S. 1285–1287.

Die Studie, die beweist, dass das Wort »Scheiße« ein wirksames Schmerzmittel ist

Herzhaftes Fluchen, also die Verwendung anstößiger Worte und Bildung obszöner Sätze, gab es in allen Zeiten und bei allen Kulturen. Derlei grobe Ausdrucksweise dient nicht nur dazu, andere Menschen zu schockieren oder zu beleidigen. Warum fluchen wir beispielsweise, wenn wir uns mit dem Hammer auf die Finger hauen? Gibt es einen Zusammenhang zwischen dem Grad des gefühlten Schmerzes und der Anzahl und Härte der verwendeten Schimpfwörter? Lindert Fluchen etwa den Schmerz? Genau das haben Wissenschaftler nun endlich untersucht: Den Effekt des Fluchens als Reaktion auf Schmerzen. Kann das Wort »Scheiße« ein praktisches Schmerzmittel sein?

Verdammt noch mal! Wir alle haben es längst gewusst, »Scheiße« sagen erhöht die Schmerztoleranz. Demnach gibt es in schmerzhaften Situationen das Phänomen des befreienden Fluchens, das zu einer Verringerung des Schmerzes führt. Wir lassen auf diese Weise Ärger, Schmerz und Wut ab. Darüber, dass Fluchen eine Art psychische Geheimwaffe gegen den Schmerz sein könnte, hört man viel. Wissenschaftlich bewiesen aber hat man dieses Phänomen bislang nicht. Das hat sich nun geändert; man hat jetzt wissenschaftliche Antworten darauf, wie sich Fluchen auf das Schmerzempfinden und die Herzfrequenz auswirkt. Dabei mussten die Testpersonen ihre Hand in Eiswasser tauchen und wiederholt entweder abwechselnd Schimpfwörter oder neutrale Wörter rufen. Heftiges Fluchen steigerte signifikant die Schmerztoleranz und erhöhte die Herzfrequenz, so das Ergebnis der Studie.

Da die Schmerzempfindung durch vieles beeinflusst werden kann, testeten die Wissenschaftler jeweils separat die Auswirkungen des Fluchens. Bei diesem Experiment mussten die Probanden so lange ihren nicht dominanten Arm (bei Rechtshändern also der linke Arm) in eiskaltes Wasser legen, bis sie es vor Schmerzen nicht mehr aushielten. Man könnte auch von Experimental-Kneipp sprechen. Der Zeitraum zwischen dem Eintauchen in das Wasser und dem Eintreten einer sichtbaren Schmerzreaktion sowie dem Heben des Arms dient als Maß der Schmerztoleranz. Je länger der Arm im Wasser blieb, desto größer die Schmerztoleranz. Die Probanden waren angewiesen, so lange wie möglich den Schmerz zu ertragen.

Nach jedem Versuch maßen die Forscher außerdem die Herzfrequenz, um die vegetative Erregung zu beurteilen. Diese wurde als zusätzliche Maßzahl für die individuelle Schmerzwahrnehmung der Probanden benutzt. Die Forscher kontrollierten außerdem Faktoren, die die Wahrnehmung von Schmerzen beeinflussen können, wie etwa die generelle Ängstlichkeit oder die Schmerzempfindlichkeit der Testperson.

Dann untersuchten die Wissenschaftler die schmerzverringernde Wirkung des Fluchens und Nicht-Fluchens. Man verglich dabei die Zeit, die bis zum Schmerzempfinden verging – einmal mit und einmal ohne Fluchen. Die Probanden durften dabei nach eigenem Ermessen Verwünschungen herauslassen. Durch dieses Verfahren wollte man die schmerzlindernde Wirkung der Flüche quantifizieren und somit zahlenmäßig den Grad der Schmerzlinderung erfassen. Einer der Teilnehmer wurde ausgeschlossen, weil keines seiner vorgeschlagenen Wörter als Schimpfwort galt oder funktionierte – dafür hatten die Forscher extra einen Katalog erstellt, in dem alle gebräuchlichen Schimpfwörter verzeichnet waren. Der Proband war offensichtlich einfach nicht versaut genug für dieses Experiment.

Das Ergebnis zeigt, dass beide Geschlechter durch Schimpfwörter höhere Schmerztoleranz entwickeln. Bei weiblichen Probanden war dies sogar in einem größeren Ausmaß der Fall. Fluchen reduziert tatsächlich Schmerzen! Die herzhaft fluchenden Probanden behielten ihren Arm viel länger im Eiswasser. Interessanterweise wollten die Forscher anfangs eigentlich nur testen, ob Fluchen zu einer Abnahme der Schmerztoleranz und zu einer Erhöhung der Schmerzwahrnehmung führt. Sie wollten wissen, ob Fluchen ein erhöhtes Schmerzempfinden auslöst. Die Wissenschaftler bewiesen allerdings das Gegenteil. Fluchende Versuchsteilnehmer widerstanden einem mäßig bis stark schmerzhaften Reiz für deutlich längere Zeit, wenn sie wiederholt übelste Schimpfwörter benutzten.

Leider testeten die Forscher nicht, welches Schimpfwort am besten funktionierte. So eine Scheiße aber auch.

Quelle: Stephens, Richard/Atkins, John/Kingston, Andrew (2008): Swearing as a response to pain, in: *Neuroreport*, Nr. 20, S. 1056–1060.

Die Studie, die zeigt, dass Menschen gute Schnüffler sind

Fährtenarbeit ist normalerweise Hundesache. Kaum ein Lebewesen hat einen derart gut ausgeprägten Geruchssinn – Hunde sind einzigartige Nasenspezialisten. Von wegen! Forscher konnten nun erstmals nachweisen, was alle für unmöglich hielten: Auch Menschen sind respektable Schnüffler, Supernasen sozusagen. Menschen können einer Geruchsspur beispielsweise über ein Feld in der gleichen Weise folgen wie Hunde; durch Training kann man die Genauigkeit und Schnelligkeit sogar weiter verbessern. Die Studie mit zweiunddreißig Probanden zeigt, dass zwei Drittel fast problemlos einer zehn Meter langen Duftspur aus Schokolade (!) auf einer offenen Grasfläche folgen konnten.

Menschliche Spürnasen verhalten sich sogar sehr ähnlich wie die richtigen Spürhunde, sie schwenken ihre Nase zickzackmäßig, um auf der richtigen Fährte zu bleiben. Nur mit einem verstopften Nasenloch, ja, auch das testete man, verschlechterten sich die Schnüffelkünste.

Die Forscher stellten fest, dass das Gehirn die Geruchsinformationen aus beiden Nasenlöchern kombiniert, um den Geruch orten zu können. Und dies, obwohl die Nasenlöcher beim Menschen sehr nah beieinanderliegen. So wie wir mit zwei Ohren einfach besser hören können, sind wir in der Lage, mit zwei Nasenlöchern unsere Schnüffelfähigkeiten zu verfeinern. Mit dem zweiten riecht man eben besser. In der Studie werden mehrere Experimente beschrieben. So setzte man beispielsweise in einer ergänzenden Laborstudie winzige Geruchsnebelteilchen ein, um zu sehen, ob Menschen wirklich zu räumlichem, dreidimensionalem Riechen fähig sind und den Ursprungsort einer Duftprobe bestimmen können.

Das wesentlich interessantere Experiment jedoch zeigt erstmalig, wie fährtenfest Menschen wirklich sein können. In diesem Experiment brachte man in Berkeley eine Gruppe von Studierenden der Psychologie dazu, auf einem Rasenstück ihres Campus wie Hunde herumzuschnüffeln. Auf dem Boden kriechen und den Rasen nach Duftspuren beschnuppern, das ist wieder so ein aufregender Job, den man nur in der Wissenschaft ergattern kann.

Die Versuchsleiter legten eine schokoladige Spur. Also eine Schokosuche statt des bei Hunden so beliebten Aufspürens von Personen. Die Fährte bestand aus duftenden Bindfäden, denen die studentischen Probanden beim Absuchen folgen mussten. Sie waren mit dicken Handschuhen, Augenbinden, Knie- und Ellenbogenschonern ausgestattet. Damit konnte man sicherstellen, dass sie die Duftfäden weder sehen noch fühlen konnten. Nur ihr Geruchssinn sollte arbeiten – sozusagen eine Art Blindverkostung.

Zwei Drittel der Probanden ist das Dufttracking gelungen, sie folgten der zehn Meter langen Schokoduftspur problemlos. Dabei waren die Studenten mit zwei offenen

Nasenlöchern erfolgreicher als die mit einem zugeklebten Nasenloch. Mit lediglich einem Nasenloch war nur jeder dritte Proband in der Lage, der Spur zu folgen.

In einem weiteren Experiment konnte mit vier Teilnehmern gezeigt werden, dass ein tägliches systematisches Schnuppertraining schon nach drei Tagen dazu führte, einer Duftspur doppelt so schnell und sicher zu folgen.

Der notorisch schlechte Ruf des menschlichen Geruchssinns ist demnach ungerechtfertigt. Unser Riechorgan kann sehr wohl Geruchsstoffe präzise erkennen und räumlich lokalisieren.

In dieser Studie schlüpften Menschen zur Abwechslung auch mal in die Tierrolle, um herauszufinden, wie unsere vierbeinigen Freunde schnüffeln.

Quelle: Porter, Jess/Craven, Brent/Khan, Rehan M./Chang, Shao-Ju/Kang, Irene/Judkewitz, Benjamin/Volpe, Jason/Settles, Gary/Sobel, Noam (2007): Mechanisms of scent-tracking in humans, in: *Nature Neuroscience*, Nr. 10, S. 27–30.

Die Studie, die zeigt, dass Hühner auf schöne Menschen stehen

Tiere kann man so trainieren, dass sie ungefähr dieselben Schönheitsvorstellungen für Gesichter entwickeln wie Menschen. Die Forschung hat das anhand von Versuchen mit Hühnern festgestellt. Hühner stehen sozusagen latent auf Menschen. Der Sinn für das Schöne heißt Geschmack. Haben Hühner Geschmack? Liegt die Schönheit gar im Auge des betrachtenden Huhns? Eigentlich liegt sie im Nervensystem der Hühner. Aber von vorn.

Schönheit soll in Sachen Fortpflanzung anzeigen: Hey, nimm mich, ich bin gesund, habe ein tolles Immunsystem und bin auch sonst ein toller Typ. Sie soll also auf einen genetisch tadellosen Partner hinweisen. Bisher glaubte man, dass die Empfänger eines Schönheitsreizes – also die Artgenossen des anderen Geschlechts – die in den Signalen enthaltenen Informationen entschlüsseln können.

Die hier vorgestellte Studie bezweifelt das. Sie behauptet, dass die Schönheit auch über die eigene Spezies hinweg erkannt wird. Die Forscher gehen davon aus, dass ähnliche Schönheitspräferenzen in jedem entwickelten Nervensystem entstehen können, vorausgesetzt, es wurden Erfahrungen mit diesem Signal gemacht. Schönheitsempfinden ist folglich nur ein Nebenprodukt, das sich bei verschiedensten Auswahl- und Wahrnehmungsaufgaben herausgebildet hat. Geschmack folgt bekannten Regeln, die weitgehend unabhängig von der jeweiligen Aufgabenstellung sind; etwa bei Entscheidungen, die bei der Nahrungssuche oder der Gefahrenabwehr getroffen werden müssen. Diese Behauptung wurde bereits bei Beo-Vögeln getestet, denen man Bilder von Pfauen vorlegte. Dabei pickten die Vögel bei entsprechenden Tests häufiger auf das Bild des Pfaus mit dem prächtigsten Schwanz – einem Schönheitsmerkmal.

Die Wissenschaftler verglichen menschliche Schönheitsvorlieben in Bezug auf Gesichter mit denen, die Vögel im Laufe des Experiments entwickelten. Die Versuchstiere waren sechs Hühner, vier davon weiblich. Die Hühner waren in Sachen Forschung schon alte Veteranen, sie waren mit experimentellen Aufbauten vertraut und wussten, wie sie sich zu verhalten hatten. Bei diesem Experiment mussten sie mit dem Schnabel nach visuellen Reizen auf einem Computerbildschirm picken. Neu war für sie aber die Aufgabe, sich zwischen menschlichen Gesichtern zu entscheiden.

Man zeigte ihnen die Bilder von sieben menschlichen Gesichtern, die in zufälliger Reihenfolge auf einem berührungsempfindlichen Bildschirm präsentiert wurden. Hennen wurden für das Picken auf männliche Gesichter belohnt, Hähne beim Picken auf weibliche Gesichter. So konnte man eine Hackordnung der Schönheit erstellen, denn die Hühner pickten trotz gleicher Belohnung nicht gleich häufig auf die Antlitze.

An der Studie nahmen außerdem vierzehn Studierende der Biologie teil, darunter sieben Frauen. Die durchschnittliche Pickrate der Hühner pro Bild wurde nun mit der menschlichen Schönheitsbewertung der gleichen Gesichter verglichen. Die Probanden mussten die Köpfe in zufälliger Reihenfolge und auf einer Skala von null bis zehn nach dem eigenen Schönheitsempfinden bewerten.

Das Resultat: Menschen und Hühner verhalten sich bei der Beurteilung von Schönheit ähnlich. Das Verhalten war sogar nahezu identisch. Es ist jedoch nicht klar, ob Menschen und Hühner die Bilder in gleicher Weise verarbeiten, sondern nur, dass es in diesem Fall einen allgemeinen Mechanismus zur Bewertung von Gesichtern zu geben scheint. Demnach ließe sich die Jury der populären Castingshow *Germany's next Topmodel* durchaus durch intelligent aussehende Hühner ersetzen. Die hätten sicher auch bei jedem Kandidaten etwas zu gackern.

Quelle: Ghirlanda, Stefano/Jansson, Liselotte/Enquist, Magnus (2001): Chickens prefer beautiful humans, in: *Human Nature*, Nr. 13, S. 383–389.

Die Studie, die zeigt, dass auch junge Ratten Komatrinker sind

Es ist ja immer wieder gern in den Schlagzeilen: der unter Jugendlichen grassierende schrankenlose Alkoholkonsum. Auch dies ist ein dankbares Feld für die Forschung. Und um Licht ins Dunkel zu bringen, durften Ratten ordentlich tief ins Glas schauen.

Um Aussagen über extremes Trinkverhalten machen zu können, verglich man den Bier- und Wasserkonsum verschieden alter Ratten. Dabei kam eine Rattenart zum Einsatz, die weltweit für die verschiedensten Untersuchungen benutzt wird. Vollrauschsaufen gehört zu den eher angenehmeren Tätigkeiten von Laborratten und hilft ihnen vielleicht auch beim Vergessen. Aber zurück zu uns Menschen: Jugendliche sind leichter als Erwachsene für Binge-Drinking, neudeutsch für Trinkgelage, zu begeistern. Zugleich sind sie auch stärker gefährdet durch die langfristige Veränderung des Gehirns, die der hemmungslose Alkoholkonsum nach sich zieht. Um dieses Risiko abschätzen zu können, benötigt man Stellvertreter, die ebenfalls ein solches Binge-Drinking-Verhalten zeigen. Anhand der Tiere lassen sich dann leicht Hinweise zu den Ursachen und Effekten des extremen Alkoholgenusses auf die menschliche Gesundheit ableiten – ohne dafür menschliche Probanden ständig alkoholisieren zu müssen.

Im Zuge des Rattenexperiments wurden die beiden Versuchsgruppen über einen speziellen Apparat mit Flüssigkeit versorgt. Dabei handelte es sich um einen Trinkspender, der Flüssigkeit nur dann abgibt, wenn die Ratte einen entsprechenden Sensor beleckt. Der einen Gruppe gewährte man nur jeden dritten Tag einen zweistündigen Zugriff auf Bier, der anderen zwei Stunden täglich.

Das Ergebnis: Bezogen auf das Körpergewicht tranken junge Ratten durchschnittlich mehr Bier als erwachsene Tiere. Junge Ratten mit eingeschränktem Zugang zu Bier tranken stets mehr als ihre Altersgenossen, die täglich an den Bierspender durften. Der zeitlich beschränkte Zugang führte in dieser Untersuchung bei den Nachwuchsratten zu einem dem Komatrinken sehr ähnlichen Trinkverhalten. Kurze Phasen der Entbehrung steigern offenbar das Verlangen nach Bier.

In einem zweiten Experiment unterteilte man die jungen und erwachsenen Ratten wieder nach dem Zufallsprinzip in zwei Gruppen. Die eine Gruppe bekam diesmal Bier vorgesetzt; die andere Gruppe ein geschmacksneutrales Ethanol-Wasser-Gemisch. Extremes Trinkverhalten konnte bei erwachsenen Ratten aber auch hier nicht beobachtet werden. Bezogen auf das Körpergewicht verbrauchte die Rattenjugend allgemein sehr viel mehr Bier als die älteren Tiere. Des Weiteren konnte man feststellen, dass die jungen Ratten der Bier-Gruppe durchschnittlich sehr viel mehr konsumierten als die Gruppe mit der geschmacksneutralen Alkoholmischung.

Die Ergebnisse sind also eindeutig: Die Gruppe der Heranwachsenden konsumierte mehr Alkohol als die erwachsenen Ratten. Sie wies folglich auch eine höhere Blutalkoholkonzentration auf, die mit mehr als achtzig Milligramm pro Deziliter der der menschlichen Komasäufer glich. Man spricht übrigens dann vom Rauschtrinken, wenn innerhalb von zwei Stunden eine Blutalkoholkonzentration von achtzig Milligramm je Deziliter oder mehr erreicht wird. Steht der Alkohol generell nur sehr eingeschränkt zur Verfügung, führt das den Wissenschaftlern zufolge leicht zu extremen Formen des Alkoholkonsums. Ein ausufernder Trinkkonsum wurde bei Ratten interessanterweise speziell zwischen vierundvierzig und einundfünfzig Tagen nach der Geburt festgestellt. Das entspricht umgerechnet der Pubertät bei der menschlichen Entwicklung.

Auch zeigten sich die jungen Ratten unempfindlich gegenüber negativen Effekten des Alkoholkonsums – sie hatten keinen Kater. Erwachsene Ratten hatten hingegen nach anfangs übermäßigem Bierkonsum Katerzustände erlebt, woraufhin sie ihren Durst zügelten und eine leichte Abneigung gegen das Getränk entwickelten. Die Darreichungsform spielt ebenfalls eine große Rolle. Junge Ratten trinken mehr, wenn der Stoff in Form von Bier und nicht im Wasser angeboten wird. Die schmackhaften Eigenschaften des Gerstensafts fördern auf beeindruckende Weise den Alkoholkonsum.

Geschmack und eingeschränkte Verfügbarkeit könnten auch bei Menschen entscheidend sein, wenn es darum geht, zum Vollrausch führenden Alkoholkonsum zu erklären. Die Forscher haben damit ein Tiermodell gefunden, das nützlich ist für die Erforschung jugendlichen Rauschtrinkens: Der Gaumen junger Ratten bevorzugt Alkohol mit Geschmack, genau wie der Gaumen jugendlicher Menschen – Leichtgewichte eben.

Quelle: Hargreaves, Garth A./Mondsa, Lauren/Gunasekaranb, Nathan/Dawsonc, Bronwyn/McGregor, Iain S. (2009): Intermittent access to beer promotes binge-like drinking in adolescent but not adult Wistar rats, in: *Alcohol*, Nr. 43, S. 305–314.

Die Studie, die zeigt, dass Ratten und Studentinnen einen identischen Geschmack haben

Das ist auch so ein Thema, auf das man erst mal kommen muss. In einer Studie konnte jetzt festgestellt werden, dass der Geschmackssinn von Studentinnen und Ratten identisch ist – zumindest bezogen auf natürliches Mineralwasser. Eigentlich wollte man ja nur herausfinden, ob es wissenschaftliche Kriterien gibt, mit denen man den Geschmack von Wasser beurteilen kann. Aber von vorn: Japanische Forscher haben Geschmackstests mit sechzehn Studentinnen, ebenso vielen weiblichen Ratten und vierzehn verschiedenen Mineralwässern durchgeführt. Das Ergebnis zeigt zufälligerweise, dass die Vorlieben für die verschiedenen Wasserarten bei den Studentinnen und den Ratten gleich sind. Im Rennen waren neun japanische, zwei französische und zwei belgische Wassermarken. Die Forscher maßen mit speziellen Instrumenten den Anteil an Kalzium, Magnesium, Natrium und Kalium. Die Testpersonen – Mensch und Tier – mussten einen sogenannten Zwei-Flaschen-Präferenztest mitmachen. Es war die Kunst gefragt, Wasser von Wasser zu unterscheiden.

Jede der Studentinnen trank dreißig Milliliter Mineralwasser. Danach bewertete sie dessen Geschmack mithilfe einer Fünf-Punkte-Skala. Für die Ratten, speziell gezüchtete Labortiere, sah der Forschungsplan einen Käfig vor, in dem zwei Trinkröhren angebracht wurden. Die Tiere durchliefen tagelange Tests, in denen sie beliebig zwischen zwei der dreizehn Mineralwässer und der Leitungswasserprobe entscheiden konnten.

Die Tests zeigten, dass Studentinnen wie auch Ratten bezüglich des Härtegrades der angebotenen Wasserarten so gut wie gleich urteilten. Man kann also sagen, dass Menschen und Ratten einen ähnlichen Geschmack haben. Man könnte also künftig auch Ratten fragen, wenn man eine Qualitätsbewertung von Wasser benötigt. Das Ziel der Studie bestand eigentlich darin, den Härtegrad als Indikator für die Trinkfreundlichkeit von Wasser zu prüfen und zu testen, ob von den Reaktionen der Ratten auf den Geschmack von Menschen geschlossen werden kann. Das Experiment fand übrigens an einer Frauenuniversität statt. Da dort alle Studenten weiblich und Studenten nun mal unschlagbar preisgünstige Probanden sind, wurden eben nur Frauen getestet. Sie opferten sich für diesen herabsetzenden Vergleich, um die Formel für wohlschmeckendes Wasser zu finden. Ob auch der Geschmack von Männern denen der Ratten gleicht, wurde bisher jedoch noch nicht erforscht. Dennoch könne die Reaktion der Ratten auf Menschen insgesamt übertragen werden. Frauen haben ja angeblich im Vergleich zu Männern einen feineren Geschmackssinn, da geht das mit der Verallgemeinerung schon klar. Um ganz sicherzugehen, führte man vorher Tests bei insgesamt fünfunddreißig Studentinnen bezüglich der Geschmacksrichtungen süß, sauer, salzig und bitter durch. Dabei filterte man sechzehn Studentinnen mit einem sogenannten Normalgeschmack heraus, die dann gegen die Ratten antreten durften.

Die Ergebnisse der Studie zeigen außerdem, dass die Angaben der Inhaltsstoffe auf den Flaschen sehr ungenau sind. Man sollte sich also lieber auf den eigenen Geschmack verlassen ... oder auf den der Ratten.

Quelle: Esumi, Yukiko/Ohara, Ikuo (1999): Similar preference for natural mineral water between female college students and rats, in: *Journal of Home Economics of Japan*, Nr. 50, S. 1217–1222.

Die Studie, die zeigt, wie Walrosse schlafen

Gibt es etwas Aufregenderes, als Walrossen beim Schlafen zuzusehen? Sehr aufgeweckte Forscher untersuchten das Schlafverhalten von vier anderthalb- bis zweijährigen Walrossen, indem sie diese kontinuierlich für sieben bis siebzehn Tage filmen und lückenlos beobachten ließen. Aufgeweckte Forscher? Das muss man sein, wenn man das wohl einschläferndste Untersuchungsobjekt der Wissenschaftsgeschichte beobachtet.

Dazu wurden über den Bassins Kameras angebracht, damit den Forschern auch aus der Vogelperspektive keine Schlafregung entgeht und man stets mindestens ein Auge des Tieres im Bild behalten konnte – eine wahrhaft besondere Form des Tête-à-Têtes. Man untersuchte das Schlafverhalten der Tiere erstmalig auch im Wasser. Oha, Unterwasserschlafforschung!

Wenn Walrosse Zugang zu Wasser und zu Land hatten, dann betrug die Menge an Schlaf durchschnittlich siebzehn Stunden pro Tag. Am häufigsten schliefen die Tiere an Land. Im Wasser waren sie hingegen überwiegend wach (88 bis 99 Prozent der Zeit). Ein Hinweis auf Unterwasserschlafstörungen? Im Wasser schliefen die Tiere schwimmend an der Oberfläche, am Boden liegend oder am Beckenrand lehnend – ungewöhnliche und vielleicht auch beneidenswerte dreidimensionale Schlafmöglichkeiten.

Alle für das Experiment ausgewählten Walrosse lebten vorher schon mindestens zwei Monate in Gefangenschaft, danach verlegte man sie eine Woche vor Beginn der Untersuchung in die Meerwasserbecken. Die Forscher dokumentierten aus drei bis vier Meter Entfernung Muskelzuckungen und den Zustand der Augen. Die Beobachtungen wurden dann in drei Schlafstadien unterteilt: leichter, ruhiger Schlaf, tiefer, ruhiger Schlaf und REM-Schlaf. Letzterer kann durch Merkmale wie Muskelzuckungen und schnelle Augenbewegungen identifiziert werden. Schlafbeobachtungen an einem Walross – sicher das Highlight einer jeden Wissenschaftskarriere. Der Autor des Buches bittet an dieser Stelle darum, das Gähnen zu unterdrücken.

Die Auswertungen der Aufnahmen und Aufzeichnungen zeigen, dass diese Tiere täglich schliefen und alle Phasen des Schlafes während eines üblichen Schlafzeitraums durchlebten. Die Schlafgewohnheiten eines Walrosses waren über mehrere Tage betrachtet recht ähnlich. Zwischen den einzelnen Tieren gab es jedoch starke Abweichungen. Jedes der gemütlich aussehenden Tiere hat demnach so seine Vorlieben.

Es gibt bisher wenige Informationen über das Ruhe- und Schlafverhalten von Walrossen. Zumindest weiß man jetzt, dass Walrosse in Gefangenschaft unter Wasser Schlafschwierigkeiten haben. Woran das liegt? Das wirft quälende Gedanken auf, die interessierten Schlafforschern noch schlaflose Nächte bereiten werden.

Quelle: Pryaslovaa, Julia P./Lyamina, Oleg I./Siegel, Jerome M./Mukhametova, Lev M. (2009): Behavioral sleep in the walrus, in: *Behavioral Brain Research*, Nr. 201, S. 80–87.

Die Studie, die zeigt, dass eine leere Flasche die bessere Waffe in Kneipenschlägereien ist

Die Wirkung von Bierflaschen bei gewalttätigen Auseinandersetzungen ist nicht zu unterschätzen. Alkohol ist vermutlich wesentlich zerstörerischer als jede andere Droge, denn dessen Behältnisse können zugleich auch als Waffen benutzt werden. Der Flascheninhalt trägt natürlich auch seinen Teil zu einer zünftigen Kneipenprügelei bei.

Ingenieurwissenschaftler haben jetzt untersucht, welche Flasche zuerst zerbricht: eine volle oder eine leere. Sie gingen auch der Frage nach, ob die dafür nötige Energie ausreicht, unangenehme Spuren am menschlichen Schädel zu hinterlassen.

Dazu beobachteten die Forscher in einem Fallturm, wie zehn Standardbierflaschen mit jeweils einem halben Liter Füllmenge, sechs davon leer und vier gefüllt, zu Bruch gingen. In Falltürmen lassen Forscher Dinge fallen, um zu sehen, was beim Aufschlag mit ihnen passiert. Außerdem maß man zuvor mit einem Computertomografen die Dicke der Flaschenwände. Es ist schon in Ordnung, für die Wissenschaft Bier zu opfern.

Für die Gerichtsmedizin ist es wichtig, die Ursachen der verschiedenen Verletzungen ermitteln zu können, da diese Hinweise auf den Tatverlauf liefern. Bisher war bekannt, dass Gläser mit dünneren Wänden wesentlich leichter zerschellen und damit eine größere Verletzungsgefahr darstellen, da ihre Scherben und Kanten schnell zu bösen Schnittwunden führen können. Aus diesem Grund wurde Barbesitzern und Kneipiers bisher empfohlen, robusteres Glas mit dickeren Wänden zu benutzen. Auf der anderen Seite wusste man bisher nicht, wie sich robuste, intakte Behältnisse verhalten.

Es war an der Zeit für Mediziner zu wissen, ob eine volle, intakte Bierflasche einen Schädel zertrümmern kann und ob es in der Wirkung Unterschiede zu einer leeren Flasche gibt. Übertrifft die Stabilität der Flasche die Stabilität des Schädelknochens, sind lebensbedrohliche Verletzungen zu befürchten.

Um die Bruchenergie zu messen, wurde an den Flaschen seitlich mit Modelliermasse ein Holzstück angebracht, auf das man so lange aus verschiedenen Höhen eine ein Kilogramm schwere Stahlkugel fallen ließ, bis die Flaschen zerbrachen. Die zähe Modelliermasse simulierte auch gut die Haut und das Gewebe, die die Schädeldecke umgeben.

Die Wissenschaftler fanden heraus, dass volle Flaschen bei dreißig Joule Schlagenergie, leere Flaschen bei vierzig Joule zerspringen. Eine leere Flasche trifft den Kopf also härter; volle Flaschen sind demnach zerbrechlicher. Beide Werte überschreiten aber das, was der menschliche Schädel verträgt. Experimente an Leichen zeigten, dass Schädel bei Stärken zwischen 14,1 und 68,5 Joule zerbrechen. Demnach sind beide Flaschenvarianten äußerst gefährlich. Man sollte es auf jeden Fall unterlassen, Flaschen als Waffen zu benutzen – insbesondere leere Flaschen. Statt sich die Flaschen um die Köpfe zu hauen, sollte man mit seinem Kontrahenten lieber noch einen heben.

Quelle: Bolliger, Stephan A./Ross, Steffen/Oesterhelweg, Lars/Thali, Michael J./Kneubuehl, Beat P. (2009): Are full or empty beer bottles sturdier and does their fracture-threshold suffice to break the human skull?, in: *Journal of Forensic and Legal Medicine*, Nr. 16, S. 138–142.

Die Studie, die zeigt, welche Spirituose den stärkeren Kater verursacht

Ethylalkohol kann Kopfschmerzen, allgemeines Unwohlsein und verminderte geistige und motorische Leistungsfähigkeit bewirken. Jedes Saufgelage führt zu einer leichten Alkoholvergiftung. Ob und in welchem Umfang übermäßiger Genuss geistreicher Tropfen am nächsten Tag negative Auswirkungen hat, untersuchte diese Studie. Dabei sollte auch geklärt werden, welches alkoholische Getränk den schlimmeren Katzenjammer verursacht – Wodka oder Whiskey? Überdies wollten die Forscher wissen, wie stark die jeweilige Alkoholsorte mit Schlafstörungen einhergeht.

Das Experiment veranstaltete man mit rund hundertzwanzig jungen Probanden, die weder Alkoholprobleme noch Schlafstörungen haben durften. Ansonsten würde das die Forschungsergebnisse verzerren. Die Probanden erhielten für ihr experimentelles Saufgelage eine ordentliche finanzielle Aufwandsentschädigung. Dafür durften die Wissenschaftler ihnen aber auch die Essens- und Schlafzeiten vorschreiben. Nach einem Zufallsverfahren wurde den Testtrinkern eines der drei Getränke serviert – Whiskey, Wodka oder ein Placebo. Diese waren gekühlt und mit koffeinfreier Cola versetzt, um den jeweiligen Geschmack und die Farbunterschiede zu vertuschen. Das alkoholfreie Placebo-Getränk enthielt wegen des alkoholähnlichen Geschmacks Tonicwater und wurde mit ein paar Tropfen Wodka oder Whiskey am Glasrand verfeinert, um richtiges Alkoholfeeling aufkommen zu lassen. Danach durften sich die Probanden im Namen der Wissenschaft einen hohen Blutalkoholwert genehmigen. Und zwar einen, der zuverlässig zu einem ordentlichen Kater führt. Dies erfordert 1,2 Gramm Alkohol pro Kilogramm Körpergewicht bei Männern und 1,1 bei Frauen. Probanden, die das Promilleziel nicht erreichten, wurde selbstverständlich nachgeschenkt. Von den Teilnehmern schafften es fünf Probanden dennoch nicht, die geforderte Mindestkonzentration zu erreichen.

Nachdem sich die angeduselten Testpersonen ins Bett

gelegt hatten, beobachtete man sie unentwegt, um zu schauen, ob es wegen des Katers zu Schlafstörungen kommt. Die negativen Auswirkungen des Alkoholkonsums wurden zuvor mit neuropsychologischen Konzentrationstests und ähnlichen Aufgaben ermittelt. Außerdem wurde das subjektive Katerempfinden der Probanden mithilfe eines umfangreichen Fragebogens erfasst.

Das Ergebnis zeigt, dass das Antrinken einer derartigen Blutalkoholkonzentration dazu führt, komplexe Aufgaben nicht mehr zuverlässig lösen zu können. Die Katerprobanden waren in fast allen Testaufgaben langsamer und unaufmerksamer als die alkoholfreie Kontrollgruppe. Whiskey hatte subjektiv deutlich stärkere Katerzustände zur Folge, wirkte sich aber nicht besonders stark auf die neuropsychologischen Tests aus. Auch hinsichtlich der objektiven Schlafqualität gab es zwischen einem Wodka- und einem Whiskey-Kater keinen beobachtbaren Unterschied. Whiskeytrinker fühlten sich also lediglich subjektiv deutlich schlechter als die Vertreter der Wodkafraktion.

Die Forscher vermuten, dass die sogenannten Kongener-Werte den Ausschlag für die subjektive Beurteilung geben. Diese giftigen Chemikalien entstehen während des Gärungsprozesses – je reiner das alkoholhaltige Getränk ist, desto weniger »Kopf« hat man am Folgetag. Drinks mit hohen Kongener-Werten, wie der Whiskey, sind objektiv betrachtet aber eben nicht katerverdächtiger – subjektiv aber schon.

Quelle: Rohsenow, Damaris J./Howland, Jonathan/Arnedt, J. Todd/Almeida, Alissa B./Greece, Jacey/Minsky, Sara/Kempler, Carrie S./Sales, Suzanne (2010): Intoxication with bourbon versus vodka: effects on hangover, sleep, and next-day neurocognitive performance in young adults, in: *Alcoholism: Clinical and Experimental Research*, Nr. 34, S. 509–518.

Die Studie, die zeigt, welche Tierart am häufigsten platt gefahren wird

Tausende von Säugetieren werden jährlich bei Zusammenstößen mit Autos getötet. In den USA hat man dafür sogar ein eigenes Wort: »Roadkill«. Für Biologen ist es interessant zu wissen, wann, wo und wie derlei Unglücke passieren. Außerdem braucht es unbedingt Biologen, weil nur sie die zur Unkenntlichkeit platt gefahrenen Tiere bestimmen können; sie schauen genau nach, was da auf dem Asphalt klebt.

Aus diesem Grund haben amerikanische Forscher vier Jahre lang zwischen den Great Plains und den Rocky Mountains alle unmittelbar auf oder neben einer Straße über- und angefahrenen Tieropfer erfasst. Dokumentiert wurden der genaue Unfallort, die Anzahl der Fahrspuren sowie die Beschaffenheit der unmittelbaren Umgebung. Obendrein wurde berücksichtigt, ob die Straße geteert oder gepflastert war.

Bei insgesamt 239 Erfassungsfahrten wurden mehr als 16.500 Kilometer zurückgelegt und 1412 getötete Tiere erfasst, die 18 verschiedenen Säugetierarten angehörten. Der Durchschnitt lag bei 8,5 getöteten Tieren auf hundert Kilometern. Autofahrer sind damit wohl erfolgreicher als Jäger. Vier Tierarten waren dabei besonders häufig Opfer von Kollisionen.

Das Virginia-Opossum, das gestreifte Gürteltier, das Stinktier und der nördliche Waschbär gerieten am häufigsten unter die Räder. Gemeinsam machten sie rund fünfundachtzig Prozent aller an- und umgefahrenen Tiere aus.

Das Risiko für Tiere unterschied sich deutlich zwischen zwei- und vierspurigen Straßen (8,39 versus 7,79

Kollisionsopfern auf hundert Kilometern). Es war auf befestigten Straßen auch auffallend höher als auf unbefestigten (8,60 versus 3,65). Autobahnen sind also die Highways in die Hölle für diese Säugetierarten.

Am häufigsten kommt es im Frühjahr zu Zusammenstößen. Der frühjährliche Kollisionshöhepunkt wurde hauptsächlich durch das Gürteltier (2,76 Kollisionen auf hundert Kilometern im Frühjahr und Sommer gegenüber 0,73 im Herbst und Winter) und das Opossum (2,65 versus 1,47) verursacht. Auch das Stinktier zeigt eine erhöhte Saisonalität. Rund vierzig Prozent aller Vertreter dieser Gattung erwischte es in einem sechswöchigen Zeitraum von Mitte Februar bis Ende März. Der Waschbär zeigt hingegen kein jahreszeitliches Muster.

Die Forscher fordern als Konsequenz mehr Unterführungen für Tiere, damit es weniger zu tödlichen Zusammenstößen kommt. Das unglaubliche Freiheitsgefühl, das US-amerikanische Highways bei Kraftfahrzeugführern auslösen, beginnt meist dort, wo das Leben eines Tieres endet.

Quelle: Smith-Patten, Brenda D./Patten, Michael A. (2008): Diversity, seasonality, and context of mammalian roadkills in the southern Great Plains, in: *Environmental Management*, Nr. 41, S. 844–852.

Die Studie, die zeigt, dass Sperma ein natürliches Antidepressivum ist

Sperma ist nicht nur zur Fortpflanzung und damit zum Überleben einer Spezies notwendig, es rettet auch auf viel direktere Weise Leben. Denn Sperma schützt vor Depression und damit auch vor Selbstmord – das jedenfalls besagt eine aktuelle Studie. Wissenschaft befreit die Realität vom Schleier des Geheimnisvollen, auch wenn ihre Bemühungen gelegentlich etwas pornografisch wirken können.

Hat die vaginale Aufnahme von männlichem Ejakulat positive Auswirkungen auf die Stimmung von Frauen? Ist Sperma zwei bis sechs Milliliter reines Glück? Viele Bestandteile der Samenflüssigkeit werden in der Scheide absorbiert, einige Stoffe werden durch die Scheide sogar schneller aufgenommen als durch die Haut. Die Aufnahme dieser Stoffe beeinflusst den Hormonhaushalt der Frau. Die Forscher betrachteten deshalb den Zusammenhang zwischen sexueller Aktivität, Kondombenutzung und Depression.

Rund dreihundert Studentinnen wurden in einem anonymen Fragebogen schriftlich zu quasi allen Aspekten ihres Sexlebens befragt, auch danach, wie häufig sie Geschlechtsverkehr haben und wie oft sie dabei Verhütungsmittel benutzen. Je häufiger Kondome benutzt werden, so die Theorie der Wissenschaftler, desto weniger kommt die Samenflüssigkeit mit dem weiblichen Genitaltrakt in Kontakt. Außerdem wurden die Testpersonen nach Anzeichen von Depression befragt.

Dank dieser Daten konnten die Forscher tatsächlich feststellen, dass es einen Zusammenhang zwischen der Benutzung von Kondomen und dem Vorhandensein einer Depression gibt. Sexuell aktive Frauen, die nie Kondome benutzen, sind seltener depressiv als diejenigen, die stets so verhüten. Außerdem besteht bei Frauen, die ohne Kondome Sex haben, ein Zusammenhang zwischen dem Zeitraum nach dem letzten Geschlechtsverkehr und dem Auftreten depressiver Symptome: Je länger die sexfreie Zeit bei diesen Frauen war, desto häufiger kam es zu Anzeichen von Depressionen. Bei Frauen, die mit

Kondomen verhüteten, konnten die Forscher diesen Zusammenhang nicht feststellen. Bei ihnen hat Sex keinen Einfluss auf die Glücksgefühle. Ferner haben Frauen, die auf Kondome verzichten, öfter Sex. Es besteht übrigens kein Zusammenhang zwischen der Länge einer Paarbeziehung und dem Vorkommen depressiver Symptome bei Frauen. Allerdings war die Häufigkeit des Geschlechtsverkehrs umgekehrt proportional zur Länge der Beziehung – auweia: Je länger die Beziehung, desto weniger Sex.

Halten wir also als Ergebnis fest: Die Kondomnutzung kann viel über das wahrscheinliche Auftreten von Depressionen sagen – wer Kondome benutzt, ist mit größerer Wahrscheinlichkeit unglücklich. Hingegen hat die Verwendung anderer Verhütungsmittel, beispielsweise der Pille, offenbar keine Wirkung auf depressive Symptome. Es ist also ziemlich eindeutig die Abwesenheit von Sperma in der Vagina, die diesen Effekt auslöst. Sieben von zehn der Probandinnen, die nie Kondome benutzen, nutzten andere Verhütungsmittel. Und nur 4,5 Prozent der Frauen, die Kondome meiden, hatten jemals einen Selbstmordversuch unternommen. Zum Vergleich: 28,9 Prozent derer, die regelmäßig, und 13,2 Prozent derer, die immer Kondome benutzen, hatten jemals einen Selbstmordversuch hinter sich.

Sperma kann also offenbar auch Leben retten. Der Geschlechtsverkehr an sich hat auch keinen Einfluss. Die Depressionswerte von Frauen, die auf Sex verzichteten, unterschieden sich nicht von denen der Damen, die sexuell aktiv waren, aber stets ein Kondom benutzten.

Zwar sind dies keine endgültigen Beweise für die antidepressive Wirkung von Sperma, aber andere Forschungsbemühungen haben gezeigt, dass die Scheide mehrere Substanzen aus der Samenflüssigkeit in den Blutkreislauf abgibt. Sperma im weiblichen Genitaltrakt macht sehr wahrscheinlich glücklich, denn viele Bestandteile können den Östrogenhaushalt positiv beeinflussen, so die Wissenschaftler.

Quelle: Gallup, Jr., Gordon G./Burch, Rebecca L./Platek, Steven M. (2002): Does semen have antidepressant properties?, in: *Archives of Sexual Behavior*, Nr. 31, S. 289–293.

Die Studie, die zeigt, ob man unter dem rechten Arm anders mieft als unter dem linken

Forschung ist in gewisser Weise eine Art des Schnüffelns. Aber nicht nur im übertragenen Sinn, denn das Schnüffeln nach verborgenen Beweisen findet manchmal auch direkt unter den Achselhöhlen statt – wortwörtlich. Selbst der anatomische Raum unter der Schulter ist kein unerforschtes Gebiet mehr.

Den Forschern ist aufgefallen, dass in wissenschaftlichen Arbeiten über die Wahrnehmung von menschlichem Schweiß bei den verwendeten Achselschweißproben nicht zwischen der rechten und der linken Achsel unterschieden wird. Es ist also stets unklar, ob es sich nun um Duftproben der rechten oder linken Achsel oder sogar um einen Mix aus beiden handelt. In den meisten bisherigen Studien wählten Forscher ihre Geruchsproben nach dem Zufallsprinzip aus oder legten sich willkürlich fest, nahmen also von vornherein an, dass Proben aus beiden Achseln gleich duften. Ferner wurde nie die Links- oder Rechtshändigkeit eines Probenlieferanten als prinzipiell einflussreicher Faktor untersucht. Tatsächlich könnte die Händigkeit, die zu einem verstärkten Einsatz des entsprechenden Arms führt, Einfluss auf die Stärke des Achselgeruchs der jeweiligen Seite haben. Ist die dominante Seite eher die Quelle offensiveren Geruchs? Unter welchem Arm stinkt es am meisten? Diese Studie will in erster Linie herausfinden, ob es notwendig ist, zwischen Proben der linken und der rechten Achsel zu unterscheiden. Man sollte wissen, ob es sich tatsächlich um vergleichbare Geruchsproben handelt, egal von welcher Körperhälfte man die Probe nimmt. Im Falle eines messbaren Unterschieds würde das erheblichen Einfluss auf die Ergebnisse der Geruchsstudien haben.

Zur Beantwortung dieser Frage bewerteten vierzig weibliche Probanden den Achselgeruch von achtunddreißig rechts- und linkshändigen Männern. Verwendet wurden frische Geruchsproben auf Wattepads, die die Testpersonen vierundzwanzig Stunden unter den Achseln trugen. Die weiblichen Geruchsgutachter bewerteten dann die Attraktivität, Intensität und »Männlichkeit« der linken und rechten Proben, die ihnen jeweils getrennt zum Beschnuppern gegeben wurden.

Die wissenschaftliche exakte Erfassung von Qualität und Intensität der Gerüche ist eine ziemlich schwierige Aufgabe. Das Sammeln von Achselschweißproben ist wahrscheinlich schwieriger als die Produktion eines Parfüms. Da sich der Geruch durch bakterielle Aktivitäten in der Qualität leicht und schnell verändert, können Geruchsproben nur kurze Zeit aufbewahrt und nur ein paar Stunden nach der Entnahme verwendet werden, sofern man sie nicht aufwendig einfrieren möchte. Das Sammeln der Geruchsproben dauert in der Regel mehrere Tage und muss sorgfältig kontrolliert werden. Dazu schaut man ganz genau hin, was die Spender hinsichtlich Hygiene und Ernährung in den letzten sieben Tagen vor der Probeentnahme so angestellt haben.

Achtundvierzig Stunden vor dem Test durften die Spender keinen Alkohol und keine stark aromatischen Lebensmittel (zum Beispiel Curry, Chili und andere Gewürze, Knoblauch, Zwiebeln, Peperoni, Blauschimmelkäse, Kohl und Spargel) mehr zu sich nehmen. Außerdem war ihnen das Duschen nur mit nicht parfümierter Seife gestattet. Die Nutzung von Deos, Parfüms oder Eau de Cologne war ebenfalls streng untersagt. Die Männer wurden auch angewiesen, mit den Wattepads auf Sport und Geschlechtsverkehr zu verzichten. Eine öde Zeit also – aber für einen guten Zweck.

Dann ging es an die Auswertung durch die Probandinnen. Sie wurden angewiesen, zwischen den Proben Pausen von fünfzehn Sekunden einzuhalten. Das ernüchternde Ergebnis: Es gibt wohl keine wahrnehmbaren Geruchsunterschiede zwischen beiden Achseln. Nur weibliche Probanden, die keine hormonelle Empfängnisverhütung anwendeten und in ihrer fruchtbaren Phase waren, konnten einen Unterschied feststellen. Der fiel zwar gering aus und bezog sich sehr subtil auf das Merkmal »Männlichkeit«, ist aber immerhin etwas. Die Forscher können dennoch getrost schlussfolgern, dass es keine Unterschiede des Achselschweißgeruchs beider Seiten gibt.

Die Studie sagt leider nichts darüber aus, wie die Sache ausgegangen wäre, hätte man weibliche Spender und männliche Tester gehabt.

Quelle: Ferdenzi, Camille/Schaal, Benoist/Roberts, S. Craig (2009): Human axillary odor: are there side-related perceptual differences?, in: *Chemical Senses*, Nr. 34, S. 565–571.

Die Studie, die zeigt, was mehr nervt: schreiende Babys, kindliches Gequengel oder mütterliche Babysprache

Babys heulen, Kleinkinder quengeln und Mütter sprechen Babysprache – alles hat nur ein Ziel: die ungeteilte Aufmerksamkeit bekommen. Um das zu schaffen, muss man den Aufmerksamkeitsspender zunächst von seiner bisherigen Tätigkeit ablenken. Am besten, indem man ihm möglichst gewaltig auf den Keks geht.

Zwei Wissenschaftler haben sich kürzlich, in der wohl nervtötendsten Studie der Wissenschaftsgeschichte überhaupt, gefragt, ob sich Menschen eher von Babysprache, Weinen oder Quengelei ablenken lassen. Die Forscher gingen davon aus, dass diese Lautäußerungen nicht nur dieselbe Struktur, sondern auch dieselbe Funktion haben: das sofortige Nerven, Belästigen, Ablenken, Stören, Stressen. All das sind Ablenkungsmanöver, um Zuwendung und Konzentration voll auf sich zu ziehen und vom Gegenüber sofort Besitz zu ergreifen.

Jammern, Quengeln und Babysprache haben eine besondere Wirkung auf die Zuhörer. Das wusste man schon aus früheren Forschungsbemühungen. Ihre akustischen Eigenschaften – heraufgesetzte Tonhöhe, verlangsamte Lautbildung und übertriebene Tonhöhenkonturen – sind es, die die Sache so nervig machen. Wahrscheinlich besitzen Menschen sogar eine allgemeine Sensibilität für derlei überzeichnete Laute – gewissermaßen ein eingebauter Detektor für die Notlagen des Nachwuchses.

Haben diese drei Kommunikationsarten tatsächlich eine untereinander vergleichbare Wirkung auf Zuhörer? Um das herauszufinden, verglichen die Forscher die Erfolge dieser drei Varietäten der Stimme dabei, Probanden von ihren Tätigkeiten abzulenken. Man untersuchte die Konzentrationsfähigkeit von neunundfünfzig Testpersonen, indem man ihnen einen Aufmerksamkeits-Belastungstest vorlegte und gleichzeitig Tonaufnahmen jeweils einer der drei Ausdrucksformen abspielte. Es handelte sich bei den Aufnahmen des kindlichen Quengelns und Schreiens nur um von Schauspielern nachgeahmte Laute. Da man diese akustischen Besonderheiten aber sehr gut auch von Erwachsenen simulieren lassen kann, ging das schon in Ordnung. Alle Tonaufnahmen wurden außerdem von zwei unabhängigen Gutachtern als authentisch bewertet, bevor sie für das Experiment verwendet wurden.

Zur Kontrolle konfrontierte man die Probanden außerdem mit weiteren Tonaufzeichnungen: mit einer neutralen Unterhaltung zwischen zwei Personen sowie mit lautem Maschinenlärm. In einer weiteren Variante spielte man überhaupt keine Töne ein. Das alltägliche zwischenmenschliche Gespräch wurde übrigens in einer exotischen Fremdsprache, auf Hindi, geführt, damit die Probanden den Inhalt nicht verstehen konnten. Auf diese Weise stellten die Forscher sicher, dass sich die Testpersonen lediglich von den Tönen an sich und nicht von den Inhalten ablenken ließen.

Die verwendeten Aufmerksamkeits-Belastungstests bestanden aus einfachen Matheaufgaben. Je mehr Fehler die Testpersonen machten, desto stärker war die Ablenkung durch das eingespielte Geräusch. Die Teilnehmer sollten in sechs verschiedenen Gruppen jeweils vor einer der Geräuschkulissen achtzig einfache Additions- und Subtraktionsaufgaben berechnen. Man forderte die Probanden dazu auf, sich so gut wie möglich auf die Aufgaben zu konzentrieren und die Hintergrundgeräusche unter allen Umständen zu ignorieren. Anschließend berechnete man jeweils den auf die einzelnen Geräuschkulissen bezogenen Fehlerquotienten.

Das Ergebnis zeigt, dass alle drei Lautäußerungen rund ums Kleinkind im Vergleich zu den Kontrollklängen extrem störend wirken. Damit sehen sich die Wissenschaftler in ihrer Hypothese bestätigt, dass Menschen eine besondere Sensibilität für diese Art von Mitteilungen haben.

Trotz quasi identischer Geräuscheigenschaften ließen sich die Probanden vor allem aber von kindlichem Gequengel stören, gefolgt von Kinderschreien und mütterlicher Babysprache. Es gibt demnach wohl kaum eine menschliche Lautäußerung, die störender ist als Kindergequengel – das scheint nun amtlich zu sein.

Quelle: Sokol-Chang, Rosemarie/Thompson, Nicholas S. (2011): Whines, cries, and motherese: Their relative power to distract, in: *Journal of Social, Evolutionary, and Cultural Psychology*, Nr. 5, S. 131–141.

Die Studie, die zeigt, dass Zebrastreifen eine Art natürliche Barcodes sind

Man kann Zebras durchaus als eine Art Strichcode auf vier Beinen betrachten. Forscher sind nun tatsächlich auf die Idee gekommen, die typischen Streifen der Zebras zu scannen! Das Muster des Fells mit den verschieden breiten Strichen und Lücken ähnelt nicht nur den Barcodes auf Lebensmittelverpackungen, man könnte es offenbar auch als solches verwenden.

Wissenschaftler haben nun also die Zebramuster erfasst und elektronisch weiterverarbeitet, um deren Sinn und Zweck auf die Schliche zu kommen. Bislang ging man davon aus, dass es sich um eine Art Tarnung handelt, mit deren Hilfe das einzelne Tier in der Masse einer größeren Gruppe verschwindet und die Feinde verwirrt werden. Durch die Tarnmuster sinkt für das einzelne Zebra das Risiko, angegriffen zu werden. In anderen Hypothesen vermutet man, dass es sich dabei wohl eher um eine trickreiche, aber bisher unerklärte Variante der Thermoregulation handeln könnte.

Bisher sind, wohl noch mehr als jeder Fressfeind, die Wissenschaftler verwirrt über die Bedeutung der Streifen. Nun steht wenigstens fest, dass man die Tiere anhand ihrer Muster auch voneinander unterscheiden kann. Dazu analysieren Biologen und Computerwissenschaftler einfach die spezielle Anordnung der schwarzen und weißen Streifen. Das Gegenstück des aus dem Supermarkt bekannten Strichcodes nannten die Wissenschaftler kurzerhand Stripecode. Auf der Grundlage hochauflösender Fotos können mit Computern Abfolgen von Streifen ermittelt und einzelnen Tieren zugeordnet werden. Die einzelnen Streifenmuster werden dann in einer Datenbank aller erfassten Zebras gespeichert. Jedes Zebra hat ein einzigartiges Muster, mit dem es nun von den Forschern jederzeit wiedererkannt werden kann.

Der Zebrascanner kann übrigens auch bei Tieren mit anderen großflächigen Markierungen und charakteristischen Farben genutzt werden. Die notwendige Software kann man sogar kostenfrei aus dem Internet herunterladen. Vielleicht funktioniert das ja auch mit Ihrer Katze oder den Wellensittichen Ihrer Nachbarn.

Quelle: Lahiri, Mayank/Tantipathananandh, Chayant/Warungu, Rosemary/ Rubenstein, Daniel I./Berger-Wolf, Tanya Y. (2011): Biometric animal databases from field photographs: identification of individual zebra in the wild, in: ICMR 2011, 17. bis 20. April 2011, Trient, Italien.

Die Studie, die zeigt, dass es auch eine pawlowsche Kakerlake gibt

Auch Kakerlaken läuft das Wasser an den Fresswerkzeugen zusammen, wenn sie die passenden Schlüsselreize wahrnehmen. Forscher konnten zeigen, dass man Kakerlaken ebenso konditionieren kann wie die berühmten pawlowschen Hunde. Iwan Petrowitsch Pawlow führte einst ein Experiment mit Hunden durch, die so beeinflusst wurden, dass ihnen beim Klingeln einer Glocke das Wasser im Maul zusammenlief.

In der vorliegenden Studie geht es um die klassische Konditionierung einer Schabenart, bei der man versuchte, ein bestimmtes Verhalten auf einen festgelegten Reiz anzutrainieren. Schaben, und das ist kein Schabernack, kann man tatsächlich so trainieren, dass sie auf bestimmte Signale reagieren. Bisher gab es nur sehr wenige Hinweise darauf, dass Konditionierung auch bei Tierarten vorkommt, die nicht zu den Säugern zählen.

Bis dato gelang die Konditionierung des Speichelflusses nur bei Hunden und Menschen. Was dabei genau im Gehirn abläuft, ist bislang jedoch ungeklärt – das Denkorgan ist viel zu komplex. Die Küchenschabe sei in den Augen der Forscher nun ideal dazu geeignet, die neuronalen Mechanismen des geruchs- und geschmacksbezogenen Gedächtnisses bei Insekten zu erforschen. Schaben haben ausgezeichnete Lern- und Erinnerungsfähigkeiten. Nur wenige Trainingseinheiten reichen beispielsweise aus, um die Geruchsvorlieben der Schabe zu verändern. Insekten gelten in der Forschung als ideale Modellorganismen, mit denen man sehr einfach die neuronalen Grundlagen des Lernens und des Gedächtnisses untersuchen kann. Diese Studie zeigt, dass bereits der

Geruch einer Zuckerlösung ausreicht, um eine Vermehrung des Speichelflusses auszulösen.

Untersucht hat man erwachsene männliche Schaben, die vorher genug Zeit hatten, sich an die Testkammer zu gewöhnen. Die Schaben wurden mit zuckerfreiem Hefeextrakt und Wasser versorgt. Vier Tage vor dem Experiment wurde ihnen Nahrung vorenthalten, um ihr Interesse an der verwendeten Zuckerlösung zu steigern.

So wie Pawlow den Speichelfluss seiner Hunde an das Erklingen einer Glocke koppelte, verknüpften die japanischen Forscher den Speichelfluss der Kakerlaken an einen bestimmten Geruch.

Man maß den Speichelfluss, indem den Schaben unter Betäubung die Flügel entfernt wurden und Beine, Nacken sowie eine Seite des Bauches mit Wachs fixiert und darauf eine haarfeine Antenne angebracht wurde. An dieser Antenne brachte man wiederum die Duftspuren an. Den nun unbeweglichen Kakerlaken wurde außerdem der Speichelkanal geöffnet, um dort einen kleinen Sammelbehälter für den Speichel anzubringen, eine Art Sabber-o-Meter. Während des Testdurchlaufs wurde abgelesen, wie viel Speichel sich pro Minute bildete. Die pawlowschen Hunde hatten es da irgendwie einfacher.

Die Forscher präsentierten den Kakerlaken Vanille- oder Pfefferminzgeruch. Zum Pfefferminzduft bekamen sie jeweils eine Zuckerlösung vorgesetzt. Nach rund drei Wiederholungen lernten die Schaben, den Pfefferminzgeruch mit der Zuckerlösung zu verbinden. Es kam nun zu einem erhöhten Speichelfluss, sobald der Pfefferminzgeruch auf ihren Antennen platziert wurde. Den Vanillegeruch paarten die Forscher hingegen mit einer ungenießbaren Paste. Setzte man die Insekten dann dem Vanillegeruch aus, diese Geschmacksrichtung bevorzugen die Schaben eigentlich von Natur aus, war kein verstärkter Speichelfluss zu registrieren. Diese Konditionierung blieb über einen Tag hinweg stabil. Die Forscher maßen 100 bis 200 Nanoliter Speichel pro Minute.

Die Forscher haben damit gezeigt, dass der Pfefferminzgeruch, den die Kakerlaken regelmäßig vor der Fütterung wahrnehmen konnten, ebenso Speichelfluss auslöst wie die schmackhafte Zuckerlösung selbst. Die Insekten haben den Duft von Pfefferminz also mit der Erwartung verknüpft, gleich etwas zu essen zu bekommen – ein konditionierter Reflex. Pfefferminz statt klingelnder Glocke, das ist hier das Motto.

Quelle: Watanabe, Hidehiro/Mizunami, Makoto (2007): Pavlov's Cockroach: Classical Conditioning of Salivation in an Insect. PLoS ONE 2(6), S. e529.

Die Studie, die zeigt, wie häufig Spielkonsolen derbe fluchen

Ballerspiele in Kinderzimmern sind immer wieder ein beliebtes Thema der Medien. Auch die Wissenschaft befasst sich gern damit und fragt nach deren negativen Auswirkungen, insbesondere nach der Häufigkeit von Gewaltdarstellungen – Stichwort: Amok.

Bisher unberücksichtigt blieben jedoch verbale Aggressionen in Form von Schimpfwörtern und Drohungen. Wie oft findet man einen derben und ordinären Sprachstil in populären Games? Die Forschungslücke ist besonders bemerkenswert, da verbale Aggression bewiesenermaßen oft zu Nachahmungseffekten führt. Das liegt daran, dass sich physische Gewalt etwas schwerer nachahmen lässt als mit so manchen Schimpfwörtern geschmückte Sprache. Eltern können davon ein Lied singen, wissen sie doch ganz genau, wie schnell der Zögling unerwünschte Wörter aufschnappt. Eine Folge könnte dabei sein, dass eine Desensibilisierung der meist jungen Spieler einsetzt, was auf lange Sicht zu einer größeren Akzeptanz von Obszönitäten und verbaler Aggression in Medien und im Alltag führt.

Eine neuere Inhaltsanalyse schließt nun erfolgreich diese Forschungslücke, indem sie die Obszönitäten in einhundertfünfzig beliebten Videospielen untersuchte, die rund die Hälfte des Umsatzes in diesem Bereich ausmachen. Berücksichtigt wurden Spiele aller gängigen Spielesysteme. Die Forscher maßen die Häufigkeit der aggressiven, herabsetzenden und beleidigenden Statements. Gemessen wurden drei Kategorien von Schimpfwörtern und Flüchen.

Als Grundlage für die Bewertung diente jeweils die Videoaufnahme eines dreißigminütigen Spielverlaufes im Standardschwierigkeitsgrad – gespielt von einem extra für diese Studie engagierten Videospieleprofi. Auch wieder so ein Traumjob, den die Wissenschaft zu bieten hat. Beurteilt wurden Dialoge, Hintergrundmusik und schriftliche Texte jedes Spiels. Die Forscher erfassten dabei die Häufigkeit der sieben Hauptschmutzwörter der US-amerikanischen Sprache (hier aus wissenschaftlichen Gründen zensiert) und deren Varianten. Es wurden auch weitere Kraftausdrücke dokumentiert, etwa Begriffe der Fäkalsprache, sexistische Wörter und andere Begriffe, die starke Emotionen hervorrufen. Aber auch die Häufigkeit eher milder Flüche und blasphemischer Ausdrücke (»Hölle«, »verdammt noch mal«) wurde gemessen.

Es handelt sich um die bisher umfassendste Analyse verbaler Gewalt in Videospielen. Dabei gab es eine Überraschung: Die Mehrzahl der bewerteten Spiele (fast achtzig Prozent) enthielten überhaupt keine verbale Aggression! Nur in einem von fünf Videospielen taucht verbale Gewalt auf, vor allem in Spielen mit jugendlicher Zielgruppe. Es gab dabei verbale Gewalt fast ausschließlich in den Dialogen. Nur etwa fünf Prozent der Spiele enthielten verbale Entgleisungen in der Hintergrundmusik, wahrscheinlich Punk- oder Rap-Texte, nur drei Prozent wiesen schriftliche Texte mit Obszönitäten auf. Lediglich eineinhalb Prozent der Spiele verfügten über Kraftausdrücke in allen drei Bereichen gleichzeitig.

Durchschnittlich enthielten die Spiele knapp drei Fundstellen mit verbaler Gewalt je Kategorie. Unter den neunundzwanzig Spielen, die Obszönitäten enthalten, fand man durchschnittlich knapp vierzehnmal derartige verbale Aggressionen.

Diese Studie zeigt, dass verbale Gewalt in den meisten Videospielen nicht vorkommt; sie konnte auch keinen besonderen Zusammenhang zwischen vulgären Ausdrücken und der zugrunde liegenden Spieleplattform feststellen. Die Studie kann jedoch keine Aussagen zur Verbreitung verbaler Gewalt in Online-Spielen mit Chat-Funktion, wie sie momentan im Trend liegen, machen.

Die Videospielindustrie leidet also nicht unter der krankhaften Neigung, unanständige Wörter aussprechen zu müssen. Spieledesignern ist keine Neigung zu Ausdrücken aus dem Bereich der Verdauungsvorgänge vorzuwerfen. Verdammte Sch...!

Quelle: Ivory, James D./Williams, Dmitri/Martins, Nicole/Consalvo, Mia (2009): Good clean fun? A content analysis of profanity in video games and its prevalence across game systems and ratings, in: *Cyberpsychology & Behavior*, Nr. 12, S. 457–460.

Die Studie, die zeigt, dass auch Pilze Jetlag haben

Pilze mit gestörter innerer Uhr und Schlafstörungen durch Jetlag? Kein Scherz, darunter leidet tatsächlich auch der gemeine Schimmelpilz. Zwar gehören Edelschimmel an Schimmelkäse – oder auch an Salamisorten – schon lange zum gastrosophischen Jetset, den Gourmets rund um den Erdball und durch alle Zeitzonen schicken, damit ihnen auch ja kein Geschmack entgeht. Dass diese Pilze allerdings eine sensible innere Uhr haben, wusste man bisher freilich nicht. Auch gemeiner Schimmel gerät aus dem Takt, wenn man an der Uhr dreht. Das ist neu, unter Zeitzonenkater leidende Schimmelpilze waren bisher unbekannt. Selbst simpelste Organismen wie Schimmelpilze haben demnach so etwas wie eine innere Uhr, die durcheinandergeraten kann. Dazu haben Wissenschaftler mit rotem Brotschimmel experimentiert.

Um herauszufinden, ob Schimmelpilze ihren Biorhythmus an ihre Umwelt anpassen, haben die Forscher im Labor die Phasen von Helligkeit und Dunkelheit so manipuliert, dass der Zellrhythmus der Schimmelpilze nicht mehr synchron zum gewohnten Rhythmus abläuft. Normalerweise produziert Brotschimmel im Vierundzwanzig-Stunden-Rhythmus eine neue Sporengeneration. Dieser Tagesrhythmus wurde im Experiment vom Pilz längere Zeit auch in absoluter Dunkelheit fortgesetzt. Irgendwann allerdings fehlte ihm das Licht als Zeitgeber, woraufhin er seine Periodenlänge auf etwa zweiundzwanzig Stunden umstellte. Dieses Anpassungsmuster ist den Forschern zufolge ein handfester Jetlag und bedeutet dann auch für einen Pilz Stress und Anstrengung.

Die Erforschung des Jetlags beim roten Brotschimmel ist reinste wissenschaftliche Grundlagenforschung, von der man zukünftig neue Erkenntnisse und theoretisches Wissen ableiten kann. Selbst Schimmel dürfte also unter Schichtarbeit leiden, weil sie den Biorhythmus seiner Zellen stören würde. Ob und wie sich dies eventuell auf den Geschmack von importiertem Edelschimmel auswirkt, ist leider noch nicht bekannt. Vielleicht ist ja bald einmal »gejetlagter« Fungi eine besondere Gaumenfreude und schon bald angesagtes Szenefood.

Quelle: The University of Stavanger (2011): Even molds can suffer jet lag: Simple organisms shed light on inner clock, in: *Science Daily*, 3. Jan. 2011.

Die Studie, die zeigt, was passiert, wenn der Mond einem Bakterium in der Sonne steht

Eine Sonnenfinsternis ist ein äußerst seltenes Ereignis. Dass es ausgerechnet eine Studie gibt, die sich um die Erforschung des Einflusses einer Finsternis auf Mikroorganismen bemüht, ist ziemlich bemerkenswert. Um genau zu sein: Noch nie zuvor hat man erforscht, welche Auswirkungen es auf Mikroorganismen gibt, wenn die Sonne durch den Mond ganz oder teilweise verdeckt wird. Die Mikrobiologie erlebt sozusagen ihre erste Sonnenfinsternis. Selbst in den astronomischen Vollschatten tragen Wissenschaftler das Licht der Erkenntnis. Was aber passiert, wenn der Mond einem Bakterium in der Sonne steht?

Den Effekt, den der auf Mikroorganismen fallende Kernschatten des Mondes hat, erforschte man an verschiedenen Arten von Lebewesen ohne und mit Zellkern, genauer: an Bakterien und Pilzen. In der Studie wurden die sichtbaren Veränderungen der Bakterien und Pilze unter normalen Verhältnissen und während einer Finsternis beobachtet. Außerdem schauten die Forscher dabei auch, ob die Organismen dann anders auf Antibiotika reagieren. Die Veränderungen der äußeren Erscheinung beobachtete man anhand von Abstrichuntersuchungen, mit denen sich die veränderten Strukturen und Formen abbilden lassen. Dazu nutzte man verschiedene in der Biologie übliche Nährböden. Die biochemischen Reaktionen bemaß man mithilfe unterschiedlicher Tests.

Das Ergebnis ist überraschend: Es gab deutliche Veränderungen während der simulierten Sonnenfinsternis. Die Bakterienkolonien zeigten auffällige Unterschiede in ihrem Erscheinungsbild, bei den Abstrichen und in der Reaktion auf Antibiotika. Die Sonnenfinsternis wirkte sich zum Beispiel auf das Wachstum der Bakterienkulturen aus. Unter anderem waren auch eine höhere Infektionskraft und eine verstärkte Fortpflanzungsaktivität zu verzeichnen. Es gab aber keine Veränderungen in den biochemischen Reaktionen oder dem Erscheinungsbild bei den Pilzarten.

Es schadet den Bakterienkolonien also nicht, wenn die Sonneneinstrahlung während einer Finsternis unterbrochen wird. Vielmehr wurden während des Experiments dadurch die Fähigkeiten der Nachkommen verbessert. Diese waren anpassungsfähiger und besser vorbereitet für ein Überleben unter sich verändernden äußerlichen Bedingungen.

Bei den getesteten Pilzen erhöhte sich sogar das Gefahrenpotenzial für den Menschen. Sonnenfinsternisse gelten in Indien offenbar nicht ohne Grund als schädlich für die Bevölkerung.

Quelle: Shriyan, Amrita/Bhat, Angri M./Nayak, Narendra (2011): Effect of solar eclipse on microbes, in: *Journal of Pharmacy and Bioallied Sciences*, Nr. 3, S. 154–157.

Die Studie, die zeigt, dass Mistkäfer wahre Gourmets sind ... wenn es um Fäkalien geht

Mistkäfer sind Tiere, die, auf gut Deutsch gesagt, Scheiße verzehren. Dabei ernähren sie sich nicht vom Kot der eigenen Spezies, sondern von dem anderer Tierarten. Lecker. Aber wählen Mistkäfer ihre Nahrung zufällig aus oder lassen sie sich von ihrem Geschmack leiten?

Der Mistkäfer fühlt sich einfach zum Kot hingezogen. Sogar seinen Nachwuchs zieht er darin auf – er entwickelt sich also vom Ei über die Larve und Puppe bis zum fertigen Käfer ausschließlich in Scheiße. Forscher haben nun Larven des Mistkäfers in vier verschiedenen künstlichen Substraten aus Rinder-, Pferde-, Schaf- oder Wildschwein-Dung aufgezogen. Man wollte herausfinden, ob der Nistkot die Entwicklung des Geschmackssinns beeinflusst. Später wurden dann in einem Experiment die Reaktionen der ausgewachsenen Käfer auf die verschiedenen Dungarten beobachtet. Sozusagen eine Verkostung der besonders »beschissenen« Art.

Bei der Studie untersuchte man zu diesem Zweck auch das erste Mal überhaupt die vollständige Zusammensetzung der verschiedenen flüchtigen Bestandteile von Säugetiermist. Ganze vierundsechzig chemische Inhaltsstoffe des Dunggeruchs konnten ermittelt werden. Zum Einsatz kam eine Methode, mit der man durch Verdampfung einzelne chemische Verbindungen eines Gemischs voneinander abtrennen und erfassen kann.

Die Analyse ergab, dass sich die flüchtigen Elemente zwischen den verschiedenen Säugetierausscheidungen klar unterscheiden lassen. Dem Mistkäfer steht also nichts im Weg, eine Unterscheidung vorzunehmen. Jeder Misttyp ist demnach gekennzeichnet durch ein eindeutiges Geruchsprofil, einen spezifischen Kot-Flavour sozusagen. Kot ist letzten Endes ein raffinierter Mix aus feinsten Duft- und Geschmacksnoten.

In der Insektenforschung beschäftigt man sich schon seit längerer Zeit intensiv mit dem Einfluss von Erfahrungen früher Stadien auf das Verhalten ausgewachsener Insekten. So versuchten Wissenschaftler bereits, die Wirtspräferenz und das Eiablageverhalten von Insekten durch die Ernährung während des Larvenstadiums zu erklären. Die Forscher versuchen deshalb herauszufinden, ob und wie stark die flüchtigen Stoffe aus Wirtspflanzen, denen die Larven ausgesetzt waren, das Verhalten erwachsener Tiere bestimmen.

Die meisten Mistkäfer denken nicht lange nach und nutzen einfach den erstbesten Säugetierkot. Dennoch gibt es einen Hinweis darauf, dass viele Mistkäferarten schon so ihre Vorlieben haben. So zeigen Studien deutliche Unterschiede in der Fülle von Käfern, die man in verschiedenen Dungtypen findet. Einzelne Geschmacksrichtungen von Dung treffen die Vorlieben bestimmter Käfer also besser.

In der Studie ging es nun darum, die Fähigkeit der Mistkäfer zur Unterscheidung der Gerüche des Kots verschiedener Säugetiere – drei Pflanzenfresser und ein Allesfresser – zu erkennen. In der französischen Mittelmeerregion, aus der der untersuchte Mistkäfer stammt, zählt der Kot von Rindern, Pferden, Schafen und Wildschweinen zu deren wichtigsten Ressourcen.

Für das Experiment sammelten die Forscher insgesamt vierhundert Eier, die sie in vier verschiedenen künstlichen Substráten aufzogen, je hundert Eier pro Substrat. In den künstlichen Substraten entstanden insgesamt 263 geschlechtsreife Insekten. 115 Insekten wurden für die Tests in den verschiedenen Mistsorten verwendet.

Die Insekten in Frühstadien wurden für Verhaltenstests in separate Boxen gesteckt. Dort hinein pumpte man dann Luft, die flüchtige Verbindungen aus jeweils zwei verschiedenen frischen Fünfzig-Gramm-Mistproben enthielt. Man beobachtete die Bewegung der Insekten und nach einer Reihe von Tests den Duft, von dem sich die Käfer am häufigsten angezogen fühlten.

Die Studie zeigt, dass die Ernährung in frühen Entwicklungsphasen keinen Einfluss auf den erwachsenen Mistkäfer und seinen Geschmack hat. Die Insekten haben sehr ähnliche Vorstellungen darüber, was guter Mist ist – unabhängig davon, in welchem Substrat sie ihre Larvenzeit verbracht haben. Der Mistkäfer bevorzugt Rinder- und Schafexkremente. Wildschweinfäkalien kommen hingegen nicht so gut an.

Quelle: Dormont, Laurent/Jay-Robert, Pierre/Bessière, Jean-Marie/Rapior, Sylvie/Lumaret, Jean-Pierre (2010): Innate olfactory preferences in dung beetles, in: *The Journal of Experimental Biology*, Nr. 213, S. 3177–3186.

Die Studie, die zeigt, dass auch Kirchen eine Feinstaubplakette nötig haben

Diese Studie will herausfinden, wie stark Menschen gesundheitsschädlichen Schwebeteilchen ausgesetzt sind – in Kirchen! Ja, wirklich, eine wissenschaftliche Arbeit beschäftigt sich tatsächlich mit der Messung von Feinstaub in Gotteshäusern. Die Forschungsergebnisse zeigen nicht nur einen deutlichen Anstieg von Partikeln in der Luft, sobald der Weihrauch entzündet wird. Man hat außerdem auch alle anderen Arten von Partikeln und deren unterschiedliche Konzentrationen in Kirchgebäuden untersucht.

Auf diesen Skandal wartet die Kirche noch: »Feinstaubterror in heiliger Messe – der Lungenkrebs kam beim Beten.« Asthmatische Anfälle und Allergien durch Gottesdienstbesuche? Aber was genau ist der Grund für die erhöhten Werte?

Es ist tatsächlich das Verbrennen aromatischer Harze im Namen Gottes, das die schädlichen Aerosole in die Luft pustet. Weihrauch verleiht dem Kirchgang nicht nur Würde und Feierlichkeit, sondern bringt auch Feinstaub in die Atemwege. Die ultrafeinen Teilchen verbleiben sehr lange oder gar für immer in der Lunge. Diese Teilchen sind so winzig, dass sie nicht von den Schleimhäuten im Nasenrachenraum oder den Härchen im Nasenbereich zurückgehalten werden können. Diese Partikel, die kleiner als zwei Mikrometer sind, können bis zu vierundzwanzig Stunden in Innenräumen schweben. Es geht also nicht um den sichtbaren Staub, der so manch verstaubte Kirche in ein samtiges Grau taucht, sondern um den Staub, der so klein ist, dass man ihn gar nicht sieht – eine Art Phantomteilchen mit einem Hauch Unendlichkeit. Letztlich besteht ja auch der Kosmos irgendwie aus Staub. Vielleicht ist Feinstaub eine Art göttliches Teilchen – es passt also irgendwie in die Kirche.

Das Ausmaß einer stofflichen Verunreinigung der Luft wird durch die Immissionskonzentration angegeben. Um Mensch und Umwelt vor den gefährlichen Verunreinigungen zu schützen, gibt es für bestimmte Stoffe Immissionsgrenzwerte.

Für die besagte Studie wurde jede denkbare Aktivität innerhalb einer Kirche als mögliche Quelle für Verunreinigungen der Luft untersucht. Während brennende Kerzen als Luftverpester vernachlässigbar sind, wurde für Räucherwerk ein sehr viel höherer Wert beobachtet. Im Inneren einer Kirche war der Wert bis zu zehnmal so hoch wie im Freien.

Die Ironie der Geschichte scheint zu sein, dass ausgerechnet die Entlassformel der lateinischen Liturgie, auf die der Name »Messe« zurückgeht, »Ite, missa est!« lautet. Das bedeutet so viel wie: »Geht hin, es ist die Aussendung!« Nun, Emission ist auch nur ein Wort für Ausstoß oder aber Aussendung. Ein wesentliches Ziel für die Kirchenväter sollte es nun sein, die schädlichen Emissionen so weit wie möglich zu reduzieren und so die Gläubigen vor Belastungen in den Sakralbauten zu behüten.

Feinstaubquellen in Innenräumen werden erst seit Kurzem bezüglich ihrer Auswirkungen auf die Gesundheit untersucht, obwohl sich Menschen in Mitteleuropa überwiegend in Innenräumen aufhalten.

Bisher wusste man nichts über die Auswirkungen von Räucherwerk auf die Luftqualität in Kirchenbauten, obwohl die gesundheitlichen Auswirkungen durch die Verbrennung von Weihrauch in vielerlei Studien längst bewiesen wurden. Gott sei Dank hat die Forschung das nun nachgeholt!

Quelle: de Kok, T. M. C. M./Hogervorst, J. G. F./Kleinjans, J. C. S./Briede, J. J. (2004): Radicals in the church, in: *European Respiratory Journal*, Nr. 24, S. 1069–1070.

Die Studie, die zeigt, wie sich echter Kot anfühlt

Jetzt geht's wieder unter die Gürtellinie. Man staunt ja immer wieder, wo die Wissenschaft überall ihre Nase hineinsteckt. Zum Beispiel füllt man in der medizinischen Forschung den Enddarm eines Probanden mit künstlich hergestelltem Kot, um das Ausscheiden von echtem zu simulieren. Der künstliche Stuhl ist mit Kontrastmittel versetzt, sodass man mit Röntgendiagnostik und Kernspintomografie die Entleerung des Enddarms genauestens beobachten kann. Das ist nicht ganz unwichtig, wenn man Fehlfunktionen des Schließmuskels, Stuhlinkontinenz und weitere Probleme des Beckenbodens erforschen will.

Bei der Durchführung einer solchen Untersuchung verwendete man bisher eine Paste oder ein Gel, was beides dem menschlichen Stuhl nicht sehr ähnlich war. Man beobachtete den Vorgang also ohne naturgetreuen Kot. Die Ergebnisse sind dann natürlich nicht sehr genau. Eine Studie sollte deshalb herausfinden, wie die Paste beschaffen sein muss, damit sie der Beschaffenheit einer echten Notdurft am nächsten kommt.

Die Studie testete dies wie folgt: Man brachte bei zwölf gesunden Probanden, zwei Männern und zehn Frauen, in zufälliger Reihenfolge eine herkömmliche und eine neu entwickelte Paste zur Anwendung. Damit es gut flutschte, benutzte man außerdem ein Schmiermittel, das sonst in der Chirurgie benutzt wird. Die Probanden wurden beim Koten geröntgt und anschließend untersuchten die Forscher die Veränderungen in der entsprechenden unteren Körperregion. Also alles, was sich so kontrollieren lässt, wenn man auf der Toilette geröntgt wird. Außerdem befragte man die Probanden noch, welche Paste sich am besten anfühlte, um die Vorlieben für einen bestimmten Kunstkot herauszufinden. Die Testpersonen sollten während ihres Geschäfts dreimal pressen und dreimal husten – der ultimative Test auf Gefühlsechtheit. Mediziner kümmern sich eben auch um die analen Gefühle ihrer Patienten.

Drei Viertel der Probanden bevorzugten die neuartige Paste gegenüber der herkömmlichen. Sie scheint also damit eine gute Alternative zur Durchführung derartiger Untersuchungen zu sein. Zum Glück befragte man keine Mistkäfer – obwohl die ja die absoluten Experten auf diesem Gebiet sind (siehe Seite 115).

Die perfekte Nachbildung unserer Ausscheidungen sieht so aus: Eine verformbare, neun Zentimeter lange und fünfzig Gramm schwere zylindrische Silikonhülle mit knapp zweieinhalb Zentimeter Durchmesser, die mit dreißig Millilitern Gelmischung gefüllt ist. Hightech im Darmtrakt. Damit Sie auch morgen noch kraftvoll ...

Quelle: Pelsang, Retta E./Rao, Satish S. C./Welcher, Kimberly (1999): FECOM: A new artificial stool for evaluating defecation, in: *The American Journal of Gastroenterology*, Nr. 94, S. 183–186.

Die Studie, die zeigt, dass auch Mumien das Recht auf Patientenverfügungen haben

Für lebende Personen ist es längst Normalität, jedoch nicht für Mumien – der Schutz der Privatsphäre. Wir profitieren heute von strengen Regeln der Patientenprivatsphäre, die sicherstellen, dass pikante medizinische Details nicht in die Öffentlichkeit getragen werden. Bei so mancher Diagnose stirbt man tausend Tode, würde sie nur eine weitere Person außer dem Arzt wissen. Wird aber bei nur einer mumifizierten Person ein pikantes Detail diagnostiziert, dann gibt es fast zwangsläufig gleich Tausende Mitwisser. Wer den Schädigungen durch Verwesung, Zerfallsbakterien und Insekten widerstehen konnte, wird heutzutage quasi selbstverständlich das Opfer anstandsloser Angriffe der Wissenschaftskommunikation. Die funktioniert in diesem Bereich wie die Klatschpresse und macht Wissenschaft zu einer Varietéveranstaltung.

Was haben Forscher nicht schon alles herausgefunden und aufgedeckt? Anzeichen beispielsweise von Inzestfällen innerhalb von Pharaonendynastien oder hochauflösende, bloßstellende Bilder einer neu entdeckten Mumie machen gern internationale Schlagzeilen. Das voyeuristische Interesse der Öffentlichkeit im Infotainmentsektor trifft hier auf die rücksichtslose Neugier und das ungebremste Forschungsinteresse der Wissenschaftsgemeinschaft – zum Nachteil der Mumie. Sie beansprucht, so die an der hier präsentierten Studie beteiligten Wissenschaftler, einen gesonderten Status, da bei ihr die Weichteile, Proteine und auch Zellstrukturen erhalten sind. Ja, all die Kälte-, Trocken- und Giftmumien haben Rechte!

Gelehrte aus dem Bereich der Medizinethik argumentieren, dass die Mumienforschung in Sachen ethischer Standards noch erheblichen Nachholbedarf hat. Einer medizinischen Sondierung etwa, bei der schlauchförmige Instrumente in ihre Körperhöhlen eingeführt werden, hat die Mumie sicher nie zugestimmt. Es geht hier nicht nur um den Schutz des persönlichen Lebens- und Intimbereichs durch die ärztliche Schweigepflicht. Vielmehr geht es um das Fortbestehen des Persönlichkeitsschutzes auch nach dem Tod. Forscher müssen ihre wissenschaftlichen Ziele gegen die Rechte und möglichen Wünsche auch längst verstorbener Personen abwägen, so die Medizinethiker. Mumien sind folglich auch nur schutzbedürftige Schützlinge der Wissenschaft.

Die Forscher kommen zu dem Ergebnis, dass der menschliche Körper, lebendig oder tot, Anspruch auf eine moralische Behandlung besitzt. Sie fordern deshalb eine Verschwiegenheitspflicht auch für die menschlichen Überreste aus einer Zeit, in der es noch keine modernen Diagnosemethoden gegeben hat. Ob dazu auch personenbezogene, historische Fakten gehören, wie etwa Hinweise auf politische Intrigen, Betrügereien oder Ähnliches, müssen Historiker klären. Mumien waren auch nur Menschen und als solche Auseinandersetzungen, Intrigen, sexuellen Eskapaden oder grausamen Verbrechen ausgesetzt.

In der modernen Biomedizin gibt es zahlreiche ethische Leitlinien und eine sehr starke soziokulturelle Sensibilisierung für klinische Studien. Spezielle Untersuchungen sind ohne Einwilligung des Betroffenen und die Zustimmung eines universitätsinternen Ethikrats nicht möglich.

Die moderne Mumienforschung arbeitet mit modernsten biomedizinischen Techniken. All diese Verfahren bedürfen eigentlich der Zustimmung der Mumie oder zumindest der eines Nachkommen. Gleichwohl werden diese modernen Untersuchungsmethoden routinemäßig bei historischen Leichen angewandt, wobei zumeist Gewebe zerstört wird und auch weitere schwere Eingriffe in die Privatsphäre stattfinden.

Der Verhaltenskodex des Internationalen Museumsrats enthält aber beispielsweise keine klaren Richtlinien darüber, wie genau mit sehr alten, mumifizierten Proben umzugehen ist. Daher greift die Forschung beherzt auf die zur Verfügung stehenden Methoden zurück. Andererseits ist Mumienforschung von großer wissenschaftlicher Bedeutung, da sie, wie übrigens alle Studien in diesem Buch, einen Beitrag zum Erkenntnisfortschritt leistet und unser Wissen über die Welt erweitert.

Das Recht auf Unversehrtheit ist ein elementares Recht eines jeden Menschen und soll uns auch vor Schäden durch die Forschung schützen. Andererseits schützt Forschung wiederum vor Spekulationen über Todes- oder Krankheitsursachen.

Da derlei ethische Urteile allerdings stark abhängig von aktuellen und lokal unterschiedlichen Rahmenbedingungen sowie dem kulturellen Hintergrund des Mumienforschers sind, bleibe dieser Studie zufolge eine endgültige Empfehlung unmöglich. Der wissenschaftliche Versuch an Mumien bleibt eine forschungsethische Grauzone. Die Leistung der vorliegenden Studie besteht hauptsächlich darin, überhaupt auf das Problem aufmerksam zu machen. Es bleibt also fraglich, ob Forschungsmethoden zur Anwendung kommen dürfen, die sehr viel jünger sind als die menschlichen Überreste, über die sie aufklären sollen.

Quelle: Kaufmann I. M./Rühli, F. J. (2010): Without ›informed consent‹? Ethics and ancient mummy research, in: *Journal of Medical Ethics*, Nr. 36, S. 608–613.

Die Studie, die zeigt, dass schöne Männer nicht unbedingt bessere Liebhaber sind

Je schöner der Partner, desto besser ist er für die Zeugung von Nachkommen geeignet. Ein Vorurteil, das man immer wieder hört. Was ist dran? Das ist mal wieder ein Fall für die Forschung. Die Wissenschaft weiß zum Beispiel, dass sich schöne Menschen im Durchschnitt einer robusteren Gesundheit erfreuen. Warum sollte also Schönheit nicht auch ein Indikator für Lendenkraft sein? Ist es für Frauen nicht vielleicht besonders ratsam, schöne Männer zur Fortpflanzung zu wählen? Äußere Schönheit wäre dann ein sexuelles Merkmal, ein Signal zuverlässiger Potenz. Ist das wirklich so?

Dieser Frage gingen Forscher in einer Studie mit mehr als hundert australischen Männern nach. Die Wissenschaftler suchten nach einem Zusammenhang zwischen der äußerlichen Attraktivität der durchschnittlich 22,5 Jahre alten Probanden und der Qualität ihrer Samen.

Methodisch ging man so vor: Die Männer gaben eine Samenprobe ab, nachdem sie zuvor für mindestens 48 Stunden und maximal sechs Tage auf Sex verzichtet hatten. Innerhalb einer Stunde wurden die Proben im Labor untersucht und bewertet. Einhundertdreißig Spermien pro Probe wurden nach ihren Merkmalen in vier Qualitätskategorien eingeordnet. Zum Schluss stellte man einen Qualitätsindex für Sperma auf. Ja, auch bei Spermien gibt es so etwas wie die Güteklasse A.

Die Forscher konnten jedoch keinen eindeutigen Zusammenhang zwischen der Samenqualität und der ebenfalls bewerteten Attraktivität der Testmänner nachweisen. Obwohl körperliche Attraktivität ein dominanter Aspekt der Partnerwahl ist, lässt sie keinerlei Rückschlüsse auf die männliche Fruchtbarkeit zu. Sich für einen schönen Mann zu entscheiden, ist also keine Garantie für den Fortpflanzungserfolg. Zumindest für uns Menschen gilt das. Anders ist es bei manchen Tierarten, etwa bei Hirschen, bei denen größere Geweihe mit vitaleren Spermien einhergehen.

In weiteren statistischen Auswertungen wurde die Spermienqualität zusätzlich mit Faktoren des alltäglichen Verhaltens in Verbindung gebracht, zum Beispiel mit der regelmäßigen Einnahme von Medikamenten oder Alkohol, mit Rauchen oder Drogenmissbrauch – außer jedoch nach der Unterwäsche zu fragen (siehe Seite 132). Ferner vermaß man auch die Hoden und deren Volumen. Derlei Faktoren haben jedoch keine messbaren Auswirkungen.

Die Forscher wollten auch herausfinden, ob sich der Zusammenhang verändert, wenn die Frauen die Attraktivität während ihrer fruchtbaren Phase bewerten. Frauen könnten ja, je nach hoher oder niedriger Fruchtbarkeit, dies jeweils anders bewertet haben. Schließlich könnte ja in der fruchtbaren Phase das Wissen um das Fortpflanzungspotenzial eines männlichen Sexualpartners besonders wichtig sein. Aus diesem Grund könnten ja visuelle Reize genauer wahrgenommen werden. Die Studie zeigt aber, dass es diese besondere Aufmerksamkeit nicht gibt.

Nun ist es also bewiesen: Ausgerechnet attraktive Kerle bieten den Frauen keine reproduktiven Vorteile. Aber vielleicht ja andere, wer weiß.

Quelle: Peters, Marianne/Rhodes G./Simmons, L. W. (2008): Does attractiveness in men provide clues to semen quality?, in: *Journal of Evolutionary Biology*, Nr. 21, S. 572–579.

Die Studie, die zeigt, dass Frauen das Beobachten von Affensex antörnt

Forscher haben sich gefragt, ob Frauen auf artfremde sexuelle Reize mit Erregung reagieren. Merkwürdige Fragestellungen, aber tatsächlich reagieren Frauen erregt, wenn sie Affen beim Akt zuschauen. Gemeint ist hierbei wohlgemerkt nicht das besonders affige Vor- und Zurückbewegen, das man in so manchem Pornofilm präsentiert bekommt, sondern tatsächlich der Koitus unter echten Affen. Bei Männern hingegen hängt die genitale Erregung ausschließlich davon ab, ob der stimulierende Reiz auch dem sexuellen Interesse ihrer Spezies entgegenkommt.

Und so gingen die Wissenschaftler vor: Man zeigte achtzehn heterosexuellen Frauen und ebenso vielen heterosexuellen Männern sieben verschiedene Sexfilmchen; sechs davon zeigten den Beischlaf von Menschen, einer den von anderen Primaten. Bei den Affenpornos wurden entsprechende Bewegungen, Körperhaltungen oder eindeutige anatomische Merkmale – erigierte Affenpenisse – gezeigt. Gleichzeitig wurde die genitale Erregung der Frauen und Männer aufgezeichnet und die individuell empfundene sexuelle Erregung abgefragt. Und tatsächlich zeigte sich ein deutlicher Anstieg der Erregung bei Frauen, wenn sie Affen beim Sex zusahen. Zweifellos fiel diese dabei schwächer aus als bei der Betrachtung menschlicher Kopulation. Männer hingegen zeigten aber überhaupt keine genitale Erregung angesichts dieser Reize aus dem Reich der Tiere. Bei Männern entspricht die Erregung der sexuellen Orientierung, bei Frauen ist dies wesentlich weniger spezifisch.

Außerdem setzte man neutrale, nicht sexuelle Reize ein, zum Beispiel Aufnahmen von Landschaften oder Primaten, die sich in einer heißen Quelle – verdientermaßen – entspannten. Wie zu erwarten, wurden beide Geschlechter durch diese Bilder nicht erregt. Alle Filme wurden den Probanden in zufälliger Reihenfolge gezeigt.

Zur Bestimmung der weiblichen genitalen Erregung

wurde die Durchblutung der Vagina gemessen. Eine erhöhte Durchblutung ist für die Gleitfähigkeit der Scheide nötig. Je größer der Blutandrang im Genitalbereich, desto erregter die Frau, so die Grundannahme. Zur Erfassung der männlichen genitalen Erregung wurde die Veränderung des Penisumfangs gemessen. Hier gilt: Je größer der Penis wird, desto erregter ist der Mann. Klingt einleuchtend.

Die Ergebnisse zeigen, dass unspezifische sexuelle Reize, in diesem Fall eben animalischer Sex, ausreichend waren, um bei Frauen zu einer Erregung der Geschlechtsorgane zu führen. Zu dieser Erregung kam es selbst dann, wenn Frauen subjektiv nicht erregt waren, das Gesehene also geistig definitiv unerotisch fanden. Im Gegensatz dazu zeigten Männer weder genitale noch subjektive Erregung, egal wie fotogen oder akrobatisch sich die Affen dem Akt der Fortpflanzung widmeten. Deshalb kann vermutet werden, dass ein geschlechtsspezifischer Unterschied in der sexuellen Reizverarbeitung zu verschiedenen genitalen Erregungszuständen bei Mann und Frau führt.

Das ist auch ein Hinweis darauf, dass Frauen genitale Erregung teilweise unabhängig von psychologischen Prozessen erleben; der Zusammenhang zwischen genitaler und subjektiver Erregung fiel in dem Experiment bei ihnen stets kleiner aus als bei Männern. Die Forschung zeigt damit wieder einmal, dass die Erregungssysteme von Mann und Frau grundsätzlich verschieden funktionieren.

Die Frauen reagieren auf Affensex, weil dieser offenbar einen biologisch verankerten Auslösereiz beinhaltet, der automatisch sexuelle Prozesse anstößt, die dann wiederum zu einer erhöhten Durchblutung der Vagina führen. Die Forschung zeigt außerdem, dass bei Frauen die maximale genitale Erregung der maximalen subjektiven etwas mehr als eine Minute vorausgeht. Wahrscheinlich handelt es sich dabei um einen Schutzmechanismus, vermuten die Forscher. Durch diese Mechanismen wird wahrscheinlich drohenden Verletzungen des Scheidentrakts vorgebeugt – etwa im Falle einer Vergewaltigung.

Da es sich um reflexartige Prozesse handelt, also um eine unwillkürliche Reaktion, kann nicht davon gesprochen werden, dass Frauen eine latente Vorliebe für Pornos mit Tieren als Hauptdarsteller haben. Um zu zeigen, dass unspezifische sexuelle Reize erregend sind, war ein Stimulus notwendig, der die normalerweise üblichen sexuellen Ziele ausschließt – hier eben Bonobos beim Beischlaf.

Quelle: Chivers, Meredith L./Bailey, J. Michael (2005): A sex difference in features that elicit genital response, in: *Biological Psychology*, Nr. 70, S. 115–120.

Die Studie, die zeigt, dass Cola doch nicht unfruchtbar macht

Ohne fleißige, immer neugierige Wissenschaftler wüssten wir nicht, dass Cola doch keine Superpower besitzt – zumindest hinsichtlich empfängnisverhütender Wirkungen. Einem Forscher geht es nicht um Erfrischung, sondern um frische Erkenntnisse. Zum Beispiel in einer Studie über die hemmende Wirkung verschiedener Cola-Sorten auf das Sperma. Erfrischungsgetränk versus Befruchtungsflüssigkeit, ein epischer Kampf! Untersucht wurde, wie schnell die Beweglichkeit der Spermien abnimmt, wenn sie in Kontakt mit unterschiedlichen Cola-

Varianten geraten. Dabei handelt es sich um eine sogenannte Replikationsstudie, in der die Ergebnisse einer anderen Studie überprüft werden sollten. Diese kam auf der Basis mikroskopischer Prüfungen zu der Behauptung, dass Diät-Cola eindeutig der stärkste Spermatöter sei, gefolgt von verschiedenen weiteren Ausführungen des Erfrischungsgetränks.

In der neuen Studie setzte man auf eine objektive Methode, um dem Spermagift in den geheimen Rezepten der Cola-Hersteller auf die Schliche zu kommen. Zuvor beurteilte man das nur optisch – durch das Mikroskop per Augenschein. Eingesetzt wurde nun die sogenannte Trans-Membran-Migrationsmethode, um den Effekt von Cola auf frisch ejakuliertes menschliches Sperma von sieben freiwilligen Spendern zu testen. Für die Versuchspersonen war es sicher seltsam, dass sie ihre Spermien indirekt in Cola abgaben. Was man nicht alles für so ein Spermiogramm tut.

Ein unterschiedliches Potenzial der verschiedenen Cola-Sorten konnte aber nicht bestätigt werden. Wenn Cola überhaupt eine hemmende Wirkung auf die Spermien entfaltet, dann ist diese eher ziemlich schwach ausgeprägt.

Um zu diesem Ergebnis zu kommen, haben die Forscher die Samen-Cola-Mischung (hundert Mikroliter) in einen kleinen Saugheber gefüllt, an dessen unterem Ende eine Membran mit vielen gleichmäßig verteilten fünf Mikrometer großen Poren verklebt war. Die Membran diente als teils durchlässige Trennschicht. Diese kleine Röhre wurde dann in eine speziell behandelte Kochsalzlösung gesteckt. Die Forscher untersuchten, wie viele Spermien aus der Sperma-Cola-Mischung innerhalb von zwei Stunden durch die Membran in die Kochsalzlösung gelangten. Je mehr es schafften, desto fitter die Spermien. Die Ergebnisse des Sperma-Cola-Cocktails wurden anschließend mit denen der Spermaproben ohne Cola-Zusatz verglichen.

Das Resultat zeigt deutlich, dass es keinen deutlichen Unterschied zwischen Cola-Sperma-Mix und purem Sperma gibt. Cola führt also allenfalls zu einer geringfügigen Beeinträchtigung des Spermas. Es konnte auch gezeigt werden, dass es keine eindeutigen Unterschiede zwischen den verschiedenen Cola-Varianten gibt. Diese Ergebnisse wurden dann auch noch mit den Werten anderer Mittel verglichen, denen ebenfalls Samen abtötende Wirkungen zugeschrieben werden. Das Antidepressivum Imipramin hat zum Beispiel eine wesentlich stärkere Wirkung auf die Zellmembran, es senkt die Spermienbeweglichkeit um bis zu fünfzig Prozent.

Da bisher kein Bestandteil von Cola dafür bekannt ist, eine zerstörende oder zersetzende Wirkung auf Zellmembranen auszuüben, waren die Forscher auch nicht sonderlich verwundert über das negative Ergebnis. Keine Cola-Sorte konnte die Beweglichkeit der Spermien, verglichen mit der Kontrollgruppe ohne Cola, um mehr als dreißig Prozent senken. Das kohlensäurehaltige Erfrischungsgetränk ist also kein Mittel zur Empfängnisverhütung – die Cola danach kann so gesehen also im Kühlschrank bleiben.

Quelle: Hong, C. Y./Shieh, C. C./Wu, P./Chiang, B. N. (1987): The spermicidal potency of Coca-Cola and Pepsi-Cola, in: *Human & Experimental Toxicology*, Nr. 6, S. 395–396.

Die Studie, die zeigt, dass eine einfache Unterhose die wohl beste Verhütungsmethode für Männer ist

Genauer gesagt, handelt es sich um die Untersuchung der empfängnisverhütenden Wirkung des Polyestergewebes von Herrenunterwäsche. Die männlichen Probanden mussten dafür zwölf Monate lang, Tag und Nacht, Unterwäsche aus Polyester tragen. Oder um es ganz genau zu sagen, einen sogenannten Suspensor, eine Art Schlinge aus Polyester. Diese wurden jeweils an die Hoden der Probanden angepasst. Die Schlingen hingen an einem Gürtel und wurden mit Riemen so angezogen, dass die Hoden in Richtung Bauch angehoben waren.

Das Ergebnis ist durchaus überraschend. So sank das Spermavolumen der Hoden von 22,2 auf 18,6 Milliliter. Die Polyesterunterwäsche erzeugt am Tag größere elektrostatische Potenziale als in der Nacht – eine Folge der Reibung zwischen Hodensack und Männerslip. Erst einhundertvierzig bis einhundertsiebzig Tage nach dem Verzicht auf derartige Unterwäsche wies die Spermienkonzentration wieder normale Werte auf. Es kam während des Untersuchungszeitraums zu keiner Schwangerschaft unter den Frauen der Probanden; die Testpersonen durften Sex nur ohne Verhütung haben. Daraus lässt schließen, dass Unterwäsche aus Polyester für Männer eine sichere und kostengünstige Methode der Empfängnisverhütung darstellt, die man sich jederzeit auch wieder abstreifen kann.

Während der Versuchszeit wurden regelmäßig die Qualität des Spermas, die Hodengröße, die Temperatur und die Menge der Sexualhormone gemessen. Die Größe der elektrostatischen Aufladung, die durch die Reibung mit dem Polyesterslip entstand, wurde ebenfalls erfasst.

Die Wirkung der Polyesterschlinge lässt sich wahrscheinlich mit dem elektrostatischen Feld erklären. Die Reibung führt zu einer negativen Ladung auf dem Polyestergewebe und einer positiven beim besten Stück des Mannes – Reizwäsche mal anders.

Bisherige Verhütungsmittel für den Mann bergen die Gefahr dauerhafter Unfruchtbarkeit. Polyester mit den nun erfolgreich nachgewiesenen Auswirkungen auf die Spermabildung erscheint da als eine interessante Alternative. Diese Eigenschaften des Kunststoffes wurden übrigens zuvor bereits an Hunden und Ratten getestet. Bei Hunden führte das Tragen von Polyesterunterhosen zu einer deutlich verminderten Spermienzahl. Hunde mit Baumwollhosen wiesen in dieser Hinsicht keine Veränderung auf. Und Ratten mit Polyesterslips hatten einfach viel weniger Sex als ihre Artgenossen aus der Kontrollgruppe, die »Unterhosen« aus Seide oder Wolle trugen.

Während der Studie mussten die Männer Samen- und Blutproben in zweiwöchentlichen Abständen abgeben. Damit wurden die Spermaqualität und die Eigenschaften der Fortpflanzungshormone ermittelt. Die Hoden wurden regelmäßig auf ihre Beschaffenheit und Größe geprüft. Auch die Temperatur wurde sehr genau gemessen.

Hohe Sicherheit, keine dauerhaften Schädigungen und die Akzeptanz – kein Proband störte sich trotz des dämlichen Looks an der Spezialwäsche – machen dieses Verfahren zu einer optimalen Empfängnisverhütung auch über längere Zeiträume. Wer weiß, wann die ersten Designerschlingen auf den Markt kommen ...

Quelle: Shafik, Ahmed (1992): Contraceptive efficacy of polyester-induced azoospermia in normal men, in: *Contraception*, Nr. 45, S. 439–451.

3 Die verrückte Pop-Wissenschaft

Popkultur trifft Wissenschaft. Die in diesem Kapitel versammelten Studien zeigen, wie sehr manche Wissenschaftler in ihr Fach vertieft sind. Lesen Sie hier die lustigsten und selbstironischsten popkulturell-wissenschaftlichen Studien. Erfahren Sie, was für abgefahrene Erkenntnisse gemacht werden können, wenn man die Methodik der Wissenschaft auf die Popkultur überträgt.

Die Studie, die zeigt, dass Pu der Bär und seine Freunde psychisch massiv gestört sind

Wenn das unsere Kinder wüssten: I-Aah leidet unter schwerer Depression, Tiger unter Hyperaktivität (vielleicht sogar im Zusammenhang mit Drogenmissbrauch) und Pu unter einer massiven Essstörung sowie unter der Aufmerksamkeitsdefizit-Hyperaktivitätsstörung ADHS. Ferkels Probleme ergeben sich aus einem schweren emotionalen Trauma – schöne Kinderbuchwelten.

Die Studie zeigt eigentlich eher auf, warum Pu der Bär so interessant ist, selbst für Erwachsene. Es ist nicht nur die Story über einen kleinen Jungen und seinen Bär. Auf den zweiten Blick, aus einer wissenschaftlichen Perspektive, ist es eine Geschichte von geistigen Entwicklungsstörungen und psychosozialen Problemen.

Der kleine Christopher Robin, ein wunderschöner

Wald, treue Tierfreunde – alles nur Schein; die Psychologie hat alles als Irrenhaus entlarvt. Generationen von Lesern haben es unwissend genossen, literarischen Figuren zu folgen, die vielerlei Kriterien psychischer Störungen erfüllen. Der stets unglückliche Pu verkörpert quasi in Reinform das Konzept der Komorbidität, wie man das Phänomen nennt, wenn gleich mehrere Störungsbilder gleichzeitig vorliegen. Er leidet unter einem Gemenge verschiedenster Störungen des Geistes. Am auffälligsten ist seine Aufmerksamkeitsdefizit- und Hyperaktivitätsstörung. Pu ist der klassische krankhafte Tagträumer mit vernebelten Gedankengängen. Er ist deshalb so unaufmerksam, träge, unmotiviert und langsam. Außerdem leidet er unter einer obsessiven Fixierung auf Honig, was auch seine Fettleibigkeit erklärt. Klinisch betrachtet, leidet Pu unter einer Esssucht und unter sich ständig wiederholenden Verhaltensweisen, was sich als Zwangsstörung diagnostizieren lässt. Der arme Bär scheint außerdem unter einer Art Tourettesyndrom zu leiden. Und zu allem Unglück kommt auch noch eine Mikrozephalie hinzu, da sein Kopf zu klein geraten scheint.

Das kleine Ferkel, das so süß ist, wenn es ängstlich, errötet und nervös umherirrt, ist in Wirklichkeit von einer generalisierten Angststörung geschlagen. Das arme Schwein ist eigentlich nicht süß. Ferkels Gefühl der Hilflosigkeit und der schutzlosen Preisgabe lässt es süß und niedlich erscheinen, sein ängstliches Verhalten weckt den Beschützerinstinkt der Leser. Wahrscheinlich könnte es nur ein Medikament von den Qualen seines seelisch und körperlich einschneidenden Psychotraumas erlösen, das der verselbstständigten Angst wohl zugrunde liegt.

I-Aah leidet unter chronischer Dysthymie, einer Art depressiven Verstimmung. Das traurige Leben des Esels ist wahrscheinlich das Resultat einer Depression aufgrund von Stoffwechselstörungen im Gehirn oder eines frühen Traumas. Kein Wunder also, dass er durch seinen chronischen Negativismus und seine Antriebsschwäche auffällt. Ein Antidepressivum könnte dem schwermütigen Tier Humor und Lebenslust zurückgeben.

Auch die Eule hat mit erheblichen Entwicklungsstörungen zu kämpfen. Offensichtlich handelt es sich um eine Legasthenikerin, die zwanghaft versucht, ihre phonologischen Defizite durch Altklugheit zu überspielen. Dieses Versteckspiel macht die Eule krank.

Klein-Ruh, das Kängurubaby, wäre in der Realität ein besonders interessanter Fall von stark ausgeprägter Impulsivität und Hyperaktivität.

Tiger, die gesellige und anhängliche Raubkatze, weist ein wiederkehrendes Muster von bedenklichem Risikoverhalten auf. Impulsives Konsumieren unbekannter Stoffe gehört dazu. Er verspeist ja nicht nur Honig, sondern auch Disteln und Substanzen, für die es keine Übersetzung gibt, etwa »Haycorns«. Und das, ohne vorher über die Essbarkeit Bescheid zu wissen. Tiger wirft sich einfach alles rein. Die bewusstseins- und wahrnehmungsverändernden Wirkungen dieser Mittelchen erklären auch, warum die fleischfressende Raubkatze so harmlos ist.

Christopher Robin wiederum fehlt völlig die elterliche Aufsicht. Er verbringt auch die meiste Zeit im Gespräch mit Tieren. Hallo, sprechende Tiere!?

Das Kaninchen fällt besonders durch sein merkwürdiges Glaubenssystem auf, durch seine Vorliebe, die Beziehungen anderer zu organisieren, oft gegen ihren Willen. Es will sich an deren Spitze stellen. Ganz klar ein Fall machthungriger, anmaßender Überheblichkeit – immer wieder der Auslöser des dramatischen Falls einer Erzählfigur.

Die Forscher haben erkannt, dass der Wald in der Tat kein Ort des Zaubers ist, sondern eher ein Ort der Enttäuschung, wo Entwicklungsstörungen und psychosoziale Probleme unerkannt und unbehandelt bleiben. Man sollte eine Hilfsexpedition zu diesem Ort starten, bevor etwas Schlimmes passiert.

Quelle: Shea, Sarah E./Gordon, Kevin/Hawkins, Ann/Kawchuk, Janet/Smith, Donna (2000): Pathology in the Hundred Acre Wood: a neurodevelopmental perspective on A. A. Milne, in: *Canadian Medical Association Journal*, Nr. 163, S. 1557–1559.

Die Studie, die zeigt, unter welcher psychischen Störung Anakin Skywalker leidet

Die eigentliche Hauptfigur der *Star Wars*-Filmsaga ist Anakin Skywalker, der sich später zum Bösewicht Darth Vader wandelt. Forscher untersuchten die Geschichte dieser populären Figur nun unter psychischen Gesichtspunkten.

Viele Verhaltenselemente Anakin Skywalkers erfüllen die Kriterien einer Borderline-Persönlichkeitsstörung. Das Fehlen eines Vaters, der frühe Tod der Mutter und die zahlreichen Abwehrmechanismen wie Spaltung, Projektion und infantile Illusion der Allmacht, die emotionale Impulsivität, eine fehlerhafte Selbst- und Fremdwahrnehmung – all dies liefert den Psychologen wichtige Hinweise.

Nach den in der Psychologie gängigen Grundlagen erfüllt Anakin Skywalker sechs von neun entsprechenden Kriterien. Die Figur erfüllt in vielerlei Hinsicht die Merkmale einer Borderlinestörung. Für Medizinstudenten bedeutet dies eine unterhaltsame Einführung in die Problematik; für von der Krankheit Betroffene eine öffentliche Diskussion und für Jugendliche, die in ihren schwierigen Phasen oftmals vergleichbare Verhaltensauffälligkeiten zeigen, eine filmische Reflexion.

Quelle: Bui, Eric/Rodgers, Rachel/Chabrol, Henri/Birmes, Philippe/Schmitt, Laurent (2011): Is Anakin Skywalker suffering from borderline personality disorder?, in: *Psychiatry Research*, Nr. 185, S. 299.

Die Studie, die zeigt, warum Rudolph so eine rote Nase hat

Weihnachten – das ist auch die Zeit, in der das rotnasige Rentier Rudolph besungen wird, das zwölfte und populärste unter seinen Kollegen, mit denen es gemeinsam Santa Claus durch die Luft zieht. Niemand machte sich bisher wirklich Gedanken darüber, warum das Rentier Rudolph überhaupt eine rote Nase hat. Etwa weil dessen Riechorgan wegen der Kälte stark durchblutet ist? Oder weil es sich eine kräftige Erkältung eingefangen hat? Vielleicht ist es aber auch gegen eine Wand geflogen? Oder ist Rudolph dem Alkohol stark zugeneigt?

Wissenschaftler lassen derlei Spekulationen hinter sich, um die Wahrheit ans Licht zu bringen. Sie konnten nämlich nachweisen, dass der Grund für die gerötete Nase ein ganz anderer ist, als die Allgemeinheit bisher angenommen hat. Denn Rudolph leidet unter einer todbringenden parasitären Infektion des Atemwegsystems.

Das Tier aus der Fantasie hat nämlich ein reales Pendant, das tatsächlich lebt und in den Tundren und der Taiga ganz hoch im Norden weidet. Man hat Karibus, die amerikanische Variante des Rens, schon genau dort gesehen, wo die Legende die Werksstätten des Weihnachtsmanns verortet. Genau da, wo die Lebens- und Umweltverhältnisse ideal für Parasiten sind, die schamlos Rudolph als Wirt benutzen. Einige dieser Schmarotzer verursachen, man mag es kaum glauben, rote Nasen.

Die meisten Rentiere sind von den Larven der Dasselfliege befallen. Bei manchen Rentierherden, die in der Obhut von Menschen und nicht in freier Wildbahn sind, beträgt die Befallsrate fast hundert Prozent. Bis zu tausend Dasselfliegenlarven können sich unter der Haut eines einzigen Rentiers befinden. Der Befall mit diesem Parasiten führt zu Gewichtsverlust durch verminderte Nahrungsaufnahme und schließlich zu abnehmender Vitalität. Die Widerstandskraft gegen Krankheiten verringert sich, und das Tier wird insgesamt schwächer. Der gesamte Verlust für die Rentierzucht durch diese oder ähnliche Parasiten liegt bei fünfzehn bis dreißig Prozent der Tiere. Ist es nicht genau das, was die kindlichen Proportionen der Rudolph-Darstellungen ausmacht, was ihn so schwach und damit niedlich erscheinen lässt?

Normalerweise sind Rentiere auch von mehreren Parasitenarten gleichzeitig befallen, und ihre Atemwegsorgane sehen sich einer ganzen Schar infektiös-parasitärer Gefahren ausgesetzt. Diese Parasitengemeinschaften können aus Zungenwürmen in den Nasennebenhöhlen, Fliegenlarven in den Nasenlöchern, der Nasenhöhle und im Rachen sowie aus Fadenwürmern in der Lunge bestehen. Die kombinierte Wirkung dieser Parasiten in den Schleimhäuten der Nase, des Rachenraums sowie in den sonstigen Atemorganen und dem Bindegewebe unter der Nasenhaut färbt gelegentlich die Nase rot.

Ein Rentier mit roter Nase ist in der Natur also lebensgefährlich infiziert. Der arme Rudolph ist aus Sicht der Wissenschaft dem Tode geweiht. Der inzwischen auch in Deutschland verbreitete Red-Nose-Day feiert also einen tödlichen Parasitenbefall.

Quelle: Halvorsen, Odd (1986): Epidemiology of reindeer parasites, in: *Parasitology Today*, Nr. 2, S. 334–338.

Die Studie, die zeigt, dass Gollum doch nicht unter Schizophrenie leidet

Gollum, mit früherem Namen Sméagol, 587 Jahre alt, männlich, hobbitähnlich und halb tot, bekannt aus *Herr der Ringe*, fällt jedem Zuschauer sofort durch sein antisoziales und gehässiges Verhalten auf. Gollum leidet aber weder unter Schizophrenie noch unter einer multiplen Persönlichkeitsstörung, wie viele Kinobesucher fälschlicherweise annehmen. Nur bei kurzer Betrachtung scheint Schizophrenie eine passende Diagnose zu sein. Wissenschaftler haben nun bewiesen, dass dieses Wesen zwar nicht die Kriterien für die Diagnose einer Schizophrenie erfüllt, wohl aber sieben der für die schizoide Persönlichkeitsstörung notwendigen neun Kriterien.

Man weiß nicht viel über die Figur, obwohl sich eigentlich alle Kinogänger ihrer Diagnose sicher sind. Als junger Hobbit hatte Sméagol nur einen einzigen Freund, Déagol, den er später ermordete, nachdem dieser ihm den Ring streitig machen wollte. Seine Familie verbannte ihn daraufhin aus ihrer Gemeinschaft. Seitdem führte er ein einsames Leben in den nebligen Bergen – zusammen mit seinem Fetisch, dem Ring, als einzigem Freund. Der Mittelpunkt seines Lebens ist dieser Ring, für die Außenwelt hat er nur Ekel übrig. Sonne, Mond und Wind, alles hasst er. Schließlich verwandelt sich Sméagol zu Gollum, dem blassen, abgemagerten und kahlen Außenseiter mit der etwas gestörten Persönlichkeit.

Er mag sich selbst, abgestandenen, rohen Fisch und Hobbitkinder. Obwohl er oft traurig aussieht, zeigt er keine Anzeichen einer klinischen Depression. Er wirkt emotional labil und extrem nervös. Seine Sprache ist ungewöhnlich und voller Wortneuschöpfungen, so, als ob er nie mit jemand anderem gesprochen hätte.

Die medizinische Ferndiagnose lautet wie folgt: Die Wissenschaftler schließen organische Ursachen, etwa einen Gehirntumor, weitgehend aus. Ein Mangel an Vitamin B12 könnte die Ursache für die extreme Reizbarkeit und die Wahnvorstellungen sein. Ein Eisenmangel erklärt seinen reduzierten Appetit und den Verlust von Haaren und Gewicht. Er leidet an erhöhter Wachheit, es scheint so, als bräuchte er mit seinen hervorquellenden Augen keinen Schlaf. Hyperthyreose, eine Schilddrüsenüberproduktion, und eine Stoffwechselkrankheit wie Porphyrie kommen ebenfalls als Ursachen für seine außerordentliche Hässlichkeit in Betracht.

Gollum erfüllt auch nicht die Kriterien für die Diagnose einer Schizophrenie gemäß der üblichen Klassifikation. Er erfüllt aber sieben der neun Kriterien für die schizoide Persönlichkeitsstörung, weshalb die Psychologen dies für die wahrscheinlichste Diagnose halten.

Gollum ist nicht schizophren und leidet nicht an den typischen Phänomenen wie dem Hören nicht existierender Stimmen, die sein Verhalten in der dritten Person kommentieren oder über ihn sprechen. Vielmehr handelt es sich um eine Persönlichkeitsstörung, die durch ein Vermeiden sozialer Kontakte sowie durch übermäßige Vorliebe für Fantasie, einzelgängerisches Verhalten und in sich gekehrte Zurückhaltung gekennzeichnet ist. Da spricht man schon mal mit sich selbst.

Quelle: Bashir, Nadia/Ahmed, Nadia/Singh, Anushka/Tang, Yen Zhi/Young, Maria/Abba, Amina/Sampson, Elizabeth (2004): A precious case from Middle Earth, in: *British Medical Journal*, Nr. 329, S. 1435–1436.

Die Studie, die zeigt, dass Jar Jar Binks von terrestrischen Pilzen befallen ist

Sir Patrick Manson, der Vater der Tropenmedizin, hat einst höchstpersönlich diesen Pilzstamm entdeckt und benannt. Doch dass der Stamm auch außerhalb der bekannten geografischen Grenzen existiert, hätte er wohl kaum geglaubt. Fiktionale Gestalten sind für rastlose Wissenschaftler auch nur Fälle, die es zu analysieren und kategorisieren gilt. Eine Art wissenschaftliche Trockenübung.

Forscher haben in einer Studie – zumindest höchst hypothetisch – gezeigt, dass selbst fiktive Kreaturen aus den Tiefen des Weltalls nicht vor den irdischen Methoden der Wissenschaft gefeit sind. Visitationen waren allerdings nur im Kinosaal möglich.

Tinea imbricata ist eine oberflächliche Pilzinfektion des Menschen, die zu kunstvollen Kreisen aus unregelmäßig umränderten oder geschwürhaften Schuppen auf der Haut führt. Das bisher bekannte Verteilungsgebiet dieser Hautkrankheit kann nun, dank menschlicher Forschungsbemühungen, auch auf fantastische Regionen ausgedehnt werden. Klar könnte man die endgültige Diagnose nur mithilfe der Mikroskopie bestätigen, dennoch sprechen alle Indizien dafür, dass die Haut des Jar Jar

Binks, bekannt aus den *Star Wars*-Filmen, aus denselben Grundbausteinen besteht wie die terrestrischer menschlicher oder tierischer Organismen. Aus diesem Grund dürften diese Kreaturen theoretisch anfällig für menschliche Krankheiten sein, zumal sie im *Star Wars*-Universum auch engen Kontakt zu Menschen pflegen. Insbesondere keratinisierte Haut, also solche, die Hornhaut ausbildet, bietet einen Nährboden für den schädlichen Pilz.

Die Rötungen und die kryptischen Färbungen sind zumindest optisch eindeutig zuzuordnen, sie sehen aus wie typische Holzmaserungen. Der Forscher hat auch schon einen Begriff dafür, wenn menschliche Krankheiten auf Außerirdische übertragen werden. Eine Krankheit mit solch einer großen geografischen Reichweite nennt der popkulturell interessierte Wissenschaftler »allgemeine Xenanthroponosis«.

Quelle: Norton, Scott A. (2000): Tokelau on Naboo, in: *British Medical Journal*, Nr. 321 (7276): S. 1619–1620.

4 Die verrücktesten Erkenntnisse

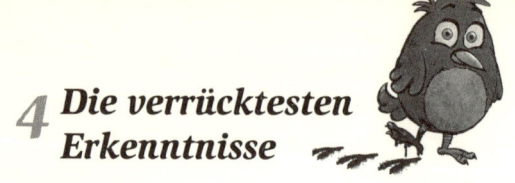

In diesem Kapitel sind die wohl verrücktesten Erkenntnisse der modernen Wissenschaft zusammengestellt worden. Über so unterhaltsame Ursache-Wirkung-Beziehungen haben Sie noch nie etwas gelesen. Selten war das zu Erklärende absurder. Verrückte Wissenschaft ist die witzige Art, Unwissen zu beseitigen.

Die Studie, die zeigt, dass man Mezcal immer mit Wurm trinkt

Mezcal, der hochprozentige Drink aus Mexiko, der mit dem Wurm drin, ist eine Ikone der Trinkkultur. Eine Flasche der Spirituose enthält aber nicht nur Alkohol und einen Wurm, sondern auch dessen DNA. Der Wurm ist eigentlich die Larve einer Mottenart. Ein Marketing-Gag machte die Flaschen zu einem Massengrab für diese Tierchen. Seitdem haben sich viele Trinker vermeintlich erfolgreich dagegen gewehrt, das im Alkohol schwimmende Insekt zu schlucken. Doch egal wie man es anstellt, ein bisschen Wurm landet immer auf dem Gaumen, weil die DNA durch den Alkohol herausgelöst und konserviert wird.

Die Wissenschaftler konnten nun nachweisen, dass jedes Glas Mezcal messbare Mengen Wurm-DNA enthält. Man kommt also nicht umhin, auch vom Wurm zu naschen. Diese Ergebnisse legen nahe, dass man künftig auf die sonst üblichen komplizierten Verfahren zur DNA-Extraktion verzichten und stattdessen einfach zur Spirituose greifen kann.

Doch zurück zum Mezcal. Für das Experiment haben die Forscher fünfzig Milliliter der Spirituose bei sechsundfünfzig Grad verdampft. Parallel dazu untersuchten die Biologen das darin enthaltene Insekt sowie ein Pflanzenblatt in fünfundneunzigprozentigem Ethanol. Die Rückstände aus der Flasche wurden dann in fünfzig Mikroliter reinem Wasser aufgelöst. Anschließend führten die Forscher verschiedene Analysen durch und konnten damit bestätigen, dass es sich bei der DNA aus dem Mezcal eindeutig um die des Wurms aus derselben Flasche handelte. Obwohl Mezcal mit nur vierzig Prozent Ethanol und vielen Verunreinigungen ein eher mäßiges Konservierungsmittel ist, konnten die Wissenschaftler daraus erfolgreich die DNA herausfiltern. Der Wurm blieb während der gesamten Untersuchung völlig intakt.

Die Forscher wiederholten diesen Versuch mit einer Vielzahl von frisch gesammelten Proben, einschließlich ganzen Insekten (Köcherfliegen und Eintagsfliegen) und Pflanzenblättern – der Schnaps funktionierte auch da sehr gut als DNA-Extrahierer.

Quelle: Shokralla, Shadi/Singer, Gregory A. C./Hajibabaei, Mehrdad (2010): Direct PCR amplification and sequencing of specimens' DNA from preservative ethanol, in: *Biotechniques*, Nr. 48, S. 233–234.

Die Studie, die zeigt, dass Malariamücken auf Bier stehen

Malaria und Alkoholkonsum sind zwei bekannte Gefahren für die menschliche Gesundheit. Alkohol ist wohl die Droge mit den schädlichsten Auswirkungen auf Gesundheit und Gesellschaft. Malaria wiederum ist eine der häufigsten Infektionskrankheiten weltweit. Bis jetzt wusste man jedoch nichts über den unheilvollen Zusammenhang zwischen Alkoholkonsum und Malaria. Das Ergebnis überrascht: Malariamücken mögen Bier. Oder genauer: Bier im Blut. Bierselige Mücken mit einer Vorliebe für den vollmundig-milden Geschmack des Gerstensafts?

Das Trinken von Bier macht uns Menschen für Malariamücken tatsächlich viel interessanter. Die Mückenart *Anopheles gambiae*, der Malariaüberträger Nummer eins in Afrika, sticht mit Vorliebe dem Bier zugeneigte Menschen. Die durch den Bierkonsum veränderten Körpergerüche haben eindeutig einen Einfluss auf die Aktivität und die Orientierung der Mücken. Beide Verhaltensreaktionen betreffen das Futtersuchverhalten der Insekten. Die Stärke dieses instinktiven Verhaltens zeigt, wie sehr die Mücke auf den Blut-Bier-Cocktail steht. Auch wenn man die Ergebnisse mithilfe anderer Faktoren überprüft, bleibt dieser Zusammenhang bestehen. Biertrinker ziehen mehr Mücken an, wovon sich ableiten lässt, dass Bierkonsum in gewissen Regionen indirekt auch ein erhöhtes Malariarisiko mit sich bringt. Trinken sich Mücken Menschen schön? Ganz so ist es vermutlich nicht. Wahrscheinlich fahren Mücken einfach genauso auf das alkohol- und kohlensäurehaltige Getränk ab wie wir Menschen.

Um dies zu erforschen, verwendeten die Wissenschaftler ein sogenanntes Y-Rohr-Olfaktometer. Damit konnten die Körpergerüche, Atem- und Hautausdünstungen von fünfundzwanzig Biertrinkern rund 2500 Moskitos serviert werden. Die Kontrollgruppe bestand aus achtzehn alkoholfreien Probanden und 1800 Moskitos.

Im Zuge des Experiments wurde den Teilnehmern jeweils entweder Bier oder Wasser aufgetischt. Das zum Einsatz gekommene Bier heißt Dolo, hatte nur einen niedrigen Alkoholgehalt und bestand aus dem fermentierten Teig der Sorghumhirse, einer der wichtigsten Brotgetreidesorten Afrikas. Dolo ist das am häufigsten konsumierte alkoholische Getränk in Burkina Faso; für dessen Herstellung werden rund vierzig Prozent der gesamten Sorghumhirseproduktion verwendet. Die Kontrollgruppe trank Trinkwasser aus den Leitungen der Stadt Bobo-Dioulasso. Die eingesetzten Mücken stammen aus Dörfern des Kou-Tals, einem Gebiet, das sich dreißig Kilometer nördlich der Stadt im Südwesten Burkina Fasos befindet. Die Stechmücken hatten vorher keine Blutmahlzeit gehabt und wurden für das Experiment nach dem Zufallsprinzip ausgewählt.

Die Probanden der Bier- und Wassergruppe wurden nach der Verköstigung getrennt voneinander und innerhalb der Gruppe jeweils einzeln nacheinander in eines von zwei Zelten gesetzt. Es saßen immer gleichzeitig ein Wasser- und ein Biertrinker getrennt voneinander in einem der beiden Zelte. Beide Zelte waren über einen y-förmigen Verbindungsschacht mit demselben Mückenkäfig verbunden. Ein Ventilator brachte Luft und damit auch den Körpergeruch aus den beiden Zelten durch den Verbindungsschacht zu den Mücken. Die hungrigen Mücken mussten sich an der Kreuzung des Schachts für eines der beiden Zelte und damit für einen der beiden Gerüche entscheiden. Die Mücken hatten dafür eine halbe Stunde Zeit und wurden in Gruppen zu je fünfzig Insekten jeweils nur einmal eingesetzt. Am Schluss verglich man die Anzahl der Mücken in beiden Zelten – sie entschieden sich sehr viel häufiger für das Zelt der Biertrinker. Mit dem Experiment konnte bewiesen werden, dass Mücken Menschen mit Bier im Blut als Wirt bevorzugen. Der Genuss von Wasser hatte dagegen keine Auswirkungen auf die Attraktivität für Malariamücken.

Die Studie zeigt aber nicht nur, dass Mücken indirekt Bierliebhaber sind, sondern vor allem, dass Bierkonsum ein Risikofaktor für Malariainfektionen ist und in der Gesundheitspolitik berücksichtigt werden sollte. Die erfolgreiche Bekämpfung der Malaria hängt vom Verständnis der Wechselwirkungen zwischen Mücken und Menschen ab. Bisher gingen die Vorhersagen bezüglich der Malariaübertragung davon aus, dass alle Menschen das gleiche Ansteckungsrisiko haben. Die Studie konnte erstmals beweisen, dass das nicht so ist. Die Chance, nach dem Biergenuss gestochen zu werden, ist nachweisbar höher. Alkohol allein trägt schon wesentlich zur globalen Krankheitslast bei, weil er die Immunabwehr schwächt. Aufgrund dieses Effektes sind Biertrinker obendrein auch noch anfälliger für die Krankheitserreger der Malaria.

Die Ursache für die starke Biervorliebe der Plagegeister ist unklar. Die Forscher tippen auf einen durch den Bierkonsum verursachten veränderten Körpergeruch. Vielleicht liegt es aber auch einfach nur an dem besonders nahrhaften – und schmackhaften – Blut der

Biertrinker. Was also gut gegen radioaktive Strahlung ist (siehe Seite 174), schützt noch lange nicht vor Malaria.

Quelle: Lefèvre, Thierry/Gouagna, Louis-Clément/Dabiré, Kounbobr Roch/Elguero, Eric/Fontenille, Didier/Renaud, François/Carlo, Costantini/Thomas, Frédéric (2010): Beer consumption increases human attractiveness to malaria mosquitoes, in: *PLOS ONE*, Nr. 5, S. e9546.

Die Studie, die zeigt, dass die Herzen gestresster Menschen im gleichen Takt schlagen

»Herz an Herz, hörst du mich ...«, und so weiter. Wie romantisch: zwei Herzen, die im gleichen Takt schlagen! Verliebte Paare behaupten das von sich ja regelmäßig. Tatsächlich existiert ein solches Phänomen, aber aus einem wesentlich unromantischeren Grund. Wissenschaftler haben entdeckt, dass das Gefühl, mit einer bekannten Person zu leiden, tatsächlich existiert: Bei untereinander bekannten Menschen synchronisiert sich in stressigen Situationen die Herzfrequenz. Beispielsweise dann, wenn sie barfuß über glühende Kohlen laufen. Soll ja gelegentlich vorkommen. Genau in einem solchen Fall haben Forscher gleichzeitig die Herzschläge von achtunddreißig Freunden und Familienangehörigen sowie weiteren nicht verwandten, einander unbekannten Personen aufgezeichnet.

Das Ergebnis der Studie zeigt, dass Menschen ihren Herzschlag an den des Feuerläufers anpassen, wenn sie mit diesem befreundet oder verwandt sind. Die Herzen einander unbekannter Zuschauer blieben von der Szenerie unberührt. Die emotionale Verbundenheit hat, wie dieses Experiment zeigt, körperliche Auswirkungen. Bewiesen ist damit, dass wir keine voneinander isolierten Wesen, sondern auf einer ziemlich tiefen Ebene miteinander verbunden sind. Wie Glühwürmchen, die die Frequenz ihrer blinkenden Lichter aneinander anpassen. Demzufolge ist es keine Gefühlsduselei, dass in stressigen Zeiten zwei Herzen zwar nicht Herzschlag für Herzschlag, aber immerhin in ihrer Herzfrequenz übereinstimmen.

Aber noch mal zurück zu diesem verrückten Versuch: Einige Teilnehmer der Studie überquerten einen sieben Meter langen Teppich aus glühenden Kohlen mit einer Oberflächentemperatur von weit über sechshundert Grad. Man maß kontinuierlich die Herzfrequenz der zwölf Feuerläufer, der neun Zuschauer, die entweder mit einem Feuerläufer verwandt oder befreundet waren, sowie die Herzfrequenz siebzehn weiterer Zuschauer. Alle Probanden trugen einen Brustgurt, der die Herzschläge erfasste. Dabei wurden für jeden Lauf über die Holzkohlenglut die Daten gespeichert und anschließend verglichen. Dadurch konnte man nachweisen, dass Feuerläufer ein spezifisches Herzfrequenzmuster aufwiesen, welches auch bei den verwandten und bekannten Zuschauern beobachtet wurde.

Das heißt auch, dass Menschen, ohne direkt dieselbe Tätigkeit zu vollziehen, diese zumindest auf der Ebene der Herzfrequenz miterleben. Damit weisen sie einen biologischen Mechanismus auf, der sie zu einem sozialen Wesen macht. Mit dieser Studie hat man die Empathie zwischen zwei Personen erstmalig in einem Feldexperiment bewiesen. Es gibt also eine gemeinsame Dynamik des Herzens. Wie die Füße der Feuerläufer anschließend aussahen, das ist ein anderes Thema.

Quelle: Konvalinkaa, Ivana/Xygalatasa, Dimitris/Bulbuliac, Joseph/Schjødta, Uffe/Jegindøa, Else-Marie/Wallotd, Sebastian/Ordend, Guy van/Roepstorffa, Andreas (2010): Synchronized arousal between performers and related spectators in a fire-walking ritual, in: *Proceedings of the National Academy of Sciences USA*, Nr. 108, S. 1–6.

Die Studie, die zeigt, dass Fische pupsen, um zu kommunizieren

Die Flatulenz, umgangssprachlich auch als Furz bezeichnet, ist unter Fischen eine gängige Art zu kommunizieren. Kann Pupsen wirklich eine Sprache sein? In der Welt der Fische haben die verräterischen Bläschen offensichtlich eine wichtige soziale Funktion zu erfüllen. Aquatische »Kakaphonie«?

Eine Studie hatte tatsächlich zum Thema, ob Fische durch Vibrationen der Analöffnung kommunizieren. Das Ergebnis zeigt, dass Heringe wirklich in der Lage sind, auf diese Weise Informationen auszutauschen. Die Leibwinde helfen ihnen dabei, in der Dunkelheit Schwärme zu bilden. Die Heringe verfügen über ein ausgezeichnetes Gehör, wodurch die kontrollierten Blähungen wie eine Art windige Kurznachricht eingesetzt werden können.

Die Forscher bemerkten, dass Heringe nachts immer wieder ungewöhnliche Geräusche erzeugen. Zwei Forscherteams studierten daraufhin Heringe aus dem Pazifik und dem Atlantik, indem sie sie einfingen und in große Wassertanks eines Labors verfrachteten. Dort beobachteten die Forscher deren Verhalten mithilfe von Unterwassermikrofonen und Infrarotkameras. Man registrierte bei Dunkelheit verstärkt Fischpupse, woraufhin die Fische immer Schwärme bildeten. Da kann man schon mal vermuten, dass es sich bei den Tönen um ein Kommunikationsmittel handeln könnte. Fürze bringen Menschen auseinander, bei Fischen ist das offenbar genau andersherum.

Die Fische erzeugten Zweiundzwanzig-Kilohertz-Pupstöne, die von einer feinen Kette aus Blasen begleitet wurden – und Videoaufnahmen lieferten den Beweis, dass die Blasen eindeutig aus dem Analtrakt der Heringe kamen. Selbstverständlich kontrollierten die Forscher, ob die Ernährung oder eventuelle Angstkrämpfe Auslöser für die nächtliche Pupserei gewesen sein könnten. Man prüfte das, indem man zum Beispiel den Duft von Raubfischen in den Tank einleitete. Weder Ernährungsaspekte noch Angstzustände hatten nachweisbaren Einfluss auf die Flatulenzen.

Die Fische verwendeten zum Pupsen übrigens keine Verdauungsgase, sondern Luft von der Oberfläche, die sie in ihrer Schwimmblase speichern und durch eine Kanalöffnung neben dem Anus ausblasen können. Die Forscher bezeichnen das Verhalten auch nicht wirklich als Blähungen, sondern nennen es vielmehr »Fast Repetitive Tick«, oder abgekürzt: »FRT« – »Fart« würde auf Englisch übrigens Furz heißen. Aber das nur am Rande.

Die nächtliche Kommunikation via Luftimpulse ermöglicht es den Heringen, auch nach Einbruch der Dunkelheit Kontakt zu halten, ohne jedoch dabei ihre Position Raubfischen zu verraten. Denn diese können die Tonfrequenzen der Blähungen nicht wahrnehmen. FRT ist also eine Art heringsche Geheimsprache – andere Fische sind dagegen »pupstaub«.

Die damit bewiesene Empfindlichkeit der Heringe für Unterwassertöne belegt, dass die Fische durch die wachsende Lärmbelästigung in den Meeren bedroht sind. Zum Beispiel könnten Motorengeräusche aus der Schifffahrt das Gehör der Fische und damit deren Koordination untereinander beeinträchtigen. Zu welcher Sprachfamilie das Furzen nun gehört? Wer weiß? Jedenfalls stammen die markantesten Winde von Heringen aus dem Pazifik. Heringfürze bestehen aus durchschnittlich zweiunddreißig Luftausstößen bei einer mittleren Dauer von 2,6 Sekunden. Es wurden Frequenzen von 1,7 bis mindestens 22 Kilohertz gemessen. Da es unterschiedliche Klänge bei verschiedenen Heringsgruppen gab, gehen die Forscher außerdem davon aus, dass sogar gruppenspezifische Kommunikation möglich ist – ein pupsischer Dialekt sozusagen.

Quelle: Wilson, Ben/Batty, Robert S./Dill, Lawrence M. (2011): Pacific and Atlantic herring produce burst pulse sounds, in: *Proceedings of the Royal Society B Biological Sciences*, Nr. 271, S. 95–97.

Die Studie, die zeigt, dass selbst Tauben faule Aufschieber sind

Unter einer Erledigungsblockade litten die Wissenschaftler wohl nicht, die in mehreren Experimenten das Phänomen des Verschiebens bei Tauben untersuchten. Die Forscher wollten wissen, ob und wie Tauben unnötig verzögert auf eine Anforderung reagieren. Ob sie, kurz gesagt, faul sind. Ein Aufschieben anstehender Aufgaben bei Tauben? Aber wie genau kann man bei Vögeln so ein Verhalten erkennen?

Die Tauben hatten die Wahl, wie sie auf eine Anforderung reagieren wollten: Entweder gleich erledigen und dabei mit weniger Aufwand davonkommen. Oder aufschieben und zu einem späteren Zeitpunkt mit viel mehr Aufwand die Sache hinter sich bringen. Die Tendenz zur zweiten Variante war bei den Vögeln in dem Experiment so stark ausgeprägt, dass sie unter bestimmten Bedingungen sogar dann noch die Erledigung vor sich hergeschoben, wenn die dazu nötigen Anstrengungen mehr als viermal größer waren als bei einer unmittelbaren Erledigung. Für die Tauben gilt im Allgemeinen, dass morgen ja auch noch ein Tag ist.

Die Forscher führten für diese Studie drei komplexe Experimente durch, in denen drei Tauben zwischen zwei verschiedenen Möglichkeiten wählen konnten, eine Versuchsreihe zu absolvieren. Sie konnten entscheiden, ob sie eine kleine Teilaufgabe schon zu Beginn erledigen wollten oder aber eine größere zu einem späteren Zeitpunkt. Je später sie loslegten, desto schwieriger wurde die Aufgabe. Der Abschluss einer kleineren Teilaufgabe führte aber nicht zu einer sofortigen Belohnung; es wurde kein Futter freigegeben. Stattdessen lief der Versuch weiter. Erst ganz am Ende gab es etwas zu essen. Die am Ende winkende Belohnung blieb also stets gleich, nur die zu erledigenden Aufgaben wurden bei Trödelei und Aufschub immer aufwendiger. Die Tauben entschieden sich also für die schwereren Aufgaben, wenn sie dadurch deren Erledigung aufschieben konnten. Sie erkauften sich durch die anstrengenderen Aufgaben größere Pausenzeiten.

Um die Tauben für diesen Test zu motivieren, wurden sie künstlich hungrig gehalten. Sie brachten nur achtzig Prozent ihres durchschnittlichen Normalgewichts auf die Waage. Der Anreiz zur Erledigung der Teilaufgaben war für die Vögel also stets groß. Es ging ja eben nicht um die Faulheit satter, sondern um das Aufschiebeverhalten hungriger und damit motivierter Tiere.

Die Tauben mussten mit ihrem Schnabel auf einen Sensor picken. Die Anzahl der nötigen Pickbewegungen erhöhte sich, je später die Taube zu picken begann. Der Versuch fand in einer bei dieser Art von Experimenten verbreiteten Skinnerbox statt, an deren Wänden kleine Pickscheiben angebracht waren. Mithilfe dieser Scheiben konnten die mit einer solchen Apparatur bereits bestens vertrauten Versuchstauben den Ausgabeschacht für Futter bedienen und so die Fütterung beeinflussen.

Das Ergebnis zeigt, dass sich die Tauben ungefähr so verhalten wie ein Mensch, der lange nicht beim Zahnarzt war. Je länger er eine Untersuchung aufschiebt, desto größer wird der mögliche Schaden und umso aufwendiger die Behandlung – wenn er dann mal geht. Eine der vier Versuchstauben wurde leider während des Experiments krank, sie schied deshalb aus. Nein, sie hat sich nicht aus Faulheit krankgemeldet.

Quelle: Mazur, E. James (1996): Procrastination by pigeons: preference for larger, more delayed work requirements, in: *Journal of the Experimental Analysis of Behavior*, Nr. 65: S. 159–171.

Die Studie, die zeigt, dass Wale auch nur das singen, was gerade angesagt ist

Das in dieser Studie vorkommende Phänomen nennt man in der Wissenschaft »kulturelle Transmission«. Die Forscher, die in diesem Bereich tätig sind, wollen wissen, wie Kulturelles weitergegeben wird. Gelegentlich ist das wie eine Chartshow, denn Meeresbiologen erforschen beispielsweise, welcher Song unter Walen gerade »in« ist.

Forscher haben jetzt bei Walen erstmalig einen interessanten Austausch von kulturellen Inhalten beobachten können. Wie geht dieser Austausch zwischen Artgenossen innerhalb einer Generation vonstatten? Männliche Buckelwale haben einen sehr ähnlichen, sich wiederholenden Brunftsound. Man könnte von einem walspezifischen Minnesang, vielleicht sogar von einer Art Liebeslied sprechen. Denn damit betören männliche Wale bei der Partnersuche ihre weiblichen Artgenossen.

Dabei gibt es ein auffallendes Übertragungsmuster, mit dem die verschiedenen Liedtypen unter den jungen männlichen Walen weitergegeben werden. Die Forscher konnten nachweisen, dass sich immer wieder neue Gesänge bildeten, die sich rasch in alle Richtungen über einen großen geografischen Raum verbreiteten.

Der typische Buckelwalsong besteht aus einer Kombination von Themen. Jedes Thema besteht wiederum aus zwei sich wiederholenden Strophen, die sich ihrerseits aus einer Kette von vier bis fünf Tönen bilden.

Die Forscher beobachteten im westlichen und zentralen Südpazifik über elf Jahre hinweg junge Wale und dokumentierten deren Vorliebe für bestimmte Gesänge. Die Hitparade der Wale wurde mit Unterwassermikrofonen aufgezeichnet und die einzelnen Songs miteinander verglichen. Die Wissenschaftler unterschieden hierzu anhand ihrer Frequenzen acht verschiedene Songs und beobachteten, wie sich diese auf einer Art akustischen Karte in östlicher Richtung verbreiteten.

Die Songs wandern, indem sie teilweise von anderen Walen übernommen werden, die bestehende Lieder dadurch verändern oder gänzlich ersetzen. So schwappen Musiktrends unter Walen über ganze Ozeanbecken hinweg.

Die Hits der Wale ändern und entwickeln sich, indem sie gewissermaßen kopiert werden. Die meisten Songs wurden zunächst in den östlichen Breiten rund um Australien dokumentiert. Sie wanderten dann über Neukaledonien und Tonga, über Amerikanisch-Samoa und die Cook-Inseln nach Französisch-Polynesien. Wahrscheinlich, so die Forscher, liegt dies an der schieren Größe der ostaustralischen Buckelwalpopulation und deren kreativem Potenzial.

Auf gemeinsamen Wanderrouten reichen meist schon kurze Begegnungen verschiedener Walgruppen, um neue Songelemente rasch von einer zur anderen weiterzugeben, innerhalb derer sie sich anschließend verbreiten. Manchmal dauerte es nur wenige Monate, bis eine ganze Walgemeinschaft denselben Ohrwurm sang. Für die Forscher beweist die rasante Ausbreitung, dass es sich bei den Formen der Walgesänge nicht ausschließlich um genetisch festgelegte oder durch die Umwelt bestimmte Prozesse handeln kann. Diese Ausbreitung über mehrere Populationen und große geografische Gebiete hinweg sowie ihre Geschwindigkeit ist bisher beispiellos unter nicht menschlichen Lebewesen.

Interessant ist dabei, dass es eben auch unter Walen eine Art Massengeschmack gibt. Hat sich ein Song durchgesetzt, dann stellt sich schnell ein intensiver Pop-Konformismus ein: Alle Wale singen dann vornehmlich das aktuelle Lied. Was man in den Aufnahmen von Walgesängen hört, ist also melodischer Mainstream. Es ist eher kompatibler Massensound und weniger hip. Was das für das Paarungsverhalten bedeutet, muss jedoch noch untersucht werden.

Quelle: Garland, Ellen C./Goldizen, Anne W./Rekdahl, Melinda L./Constantine, Rochelle/Garrigue, Claire/Hauser, Nan Daeschler/Poole, M. Michael/Robbins, Jooke/Noad, Michael J. (2011): Dynamic horizontal cultural transmission of humpback whale song at the ocean basin scale, in: *Current Biology*, Nr. 21, S. 687–691.

Die Studie, die zeigt, dass Prostitution etwas für Affen ist

In Indonesien leben geschäftstüchtige Makaken, die Fellpflege gegen Sex tauschen. Forscher studierten dieses Verhalten der Affen für etwa zwanzig Monate und sind sich sicher: Männliche Affen bezahlen für Sex. Bei entsprechender Gegenleistung – der Fellpflege – verdoppelte sich die sexuelle Verfügbarkeit des auserwählten Weibchens. Mehr noch: Je länger es sich um das Fell des Weibchens kümmerte, desto mehr Sex bekam das Männchen im Gegenzug. Fellpflege ist im Affenreich offenbar eine harte Währung. Sex als Dienstleistung – die Kommerzialisierung der erotischen Kontakte gibt es eben auch im Tierreich. Das älteste Gewerbe der Welt hat damit gewissermaßen auch abstammungsgeschichtliche Wurzeln.

Die Theorie, dass auch Tiere untereinander wie auf einem Markt handeln, existiert in der Biologie schon lange, bisher fehlten allerdings die entsprechenden Beweise. Auch bei Tieren kann Handel eine Möglichkeit der Zusammenarbeit darstellen, so die Annahme des biologischen Marktes – Bio-Markt mal anders. Dieses System des Handels folgt den Grundprinzipien der Volkswirtschaftslehre. Faktoren wie Angebot, Nachfrage, Werbung und Wert beeinflussen diesen Austausch. Die Möglichkeit zur Fortpflanzung ist eine Ware, die zwischen Männchen und Weibchen getauscht wird. Die Männchen pflegen die Weibchen, um ihre Chance auf Sex zu erhöhen. Die Evolution hat offenbar Affen dazu gebracht, Eigenschaften und Fähigkeiten, die die Chancen auf Sex erhöhen, zu perfektionieren. Die Dienstleistung im Bereich Fellpflege ist die Tätigkeit eines knallharten Affengeschäftsmanns im horizontalen Gewerbe; sie ist eine Form der Zahlung, für die man von einem Partner eine andere Ware erhält.

Es ist natürlich für die Forscher nicht ganz einfach, solche Verhaltensweisen zu beobachten. Man muss nicht nur herausfinden, warum ein Affe dem anderen das Fell pflegt, sondern auch den Angebots- und Nachfrageeffekt eindeutig beweisen. Genau das ist den Forschern aber jetzt gelungen. Zwei Wissenschaftler dokumentierten Daten über die Männchen-zu-Weibchen-Pflege und die sexuelle Aktivität einer Gruppe Makaken im nordwestlichen Teil des Tanjung-Puting-Nationalparks. Die Gruppe bestand aus rund fünfzig Affen. Darunter waren fünf erwachsene Männchen und achtzehn erwachsene Weibchen. Der Rest der Gruppe bestand aus heranwachsenden Tieren. Die Forscher beobachteten die Gruppe über zwanzig Monate hinweg. Dabei erfasste man auch die Rangfolge unter den Affen, indem man typische Unterwerfungsgesten berücksichtigte.

Die Gruppe der geschlechtsreifen Weibchen kam in den Genuss von fast neunzig Prozent aller Pflegeaktivitäten. Die Mehrheit aller Pflegeeinheiten war direkt oder indirekt mit sexuellen Handlungen verknüpft, resultierte also aus der Präsentation des weiblichen Genitalbereichs und führte zu einer anschließenden Paarung. Die Daten zeigen auch, dass sich die Männchen mehr Zeit für die Fellpflege nahmen – ganze neun Minuten –, wenn direkt danach Sex in Aussicht stand. Auch der Rang des Affen spielte eine Rolle: Je niedriger dieser war, desto mehr Arbeit musste das Tier in die Fellpflege investieren. Die Zuwendung eines ranghohen Männchens ist mehr wert als die eines schlechtergestellten Tieres. Manche sind eben nur einfache Freier, während andere als Sugardaddys daherkommen.

Quelle: Gumert, Michael D. (2007): Payment for sex in a macaque mating market, in: *Animal Behaviour*, Nr. 74, S. 1655–1667.

Die Studie, die zeigt, dass pessimistische Hunde öfter Pantoffeln zerfetzen

Ob und wie oft ein Hund vor Trennungsangst winselt und in der Wohnung randaliert, hängt im Wesentlichen von dessen Lebensanschauung ab. Bisher dachte man immer, das wäre etwas, was vor allem schlecht erzogene Hunde eben einfach tun. Die Wissenschaft hat nun das Gegenteil bewiesen. Die Pessimisten unter den Hunden winseln und randalieren wesentlich häufiger, sie zeigen viel mehr Anzeichen verzweifelter Angst. Wenn Ihr Hund das nächste Mal die Wohnung auseinandernimmt, dann seien Sie sich sicher: Er ist der Schopenhauer und Sie sind sein Pudel.

Laut einer neueren Studie zeigen insbesondere die Hunde bei Einsamkeit unerwünschtes Fehlverhalten, die von Natur aus pessimistisch sind. Sobald Herrchen oder Frauchen die Wohnung verlässt, ziehen sie alle Register: lautes Bellen, Zerbeißen von Gegenständen oder destruktives Pinkeln.

Die Autoren der Studie fanden heraus, dass Hunde das Alleinsein entweder pessimistisch oder optimistisch sehen können und dass diese Weltsicht Auswirkungen auf ihr Verhalten hat. Die Optimisten unter den Hunden bleiben entspannt, die anderen randalieren und machen auch sonst aus ihrer negativen Einstellung keinen Hehl.

Um das zu erforschen, untersuchte man eine Gruppe von vierundzwanzig Hunden mit gleich vielen männlichen und weiblichen Tieren. Man schaute zunächst mithilfe eines Tests, wie die einzelnen Tiere reagieren, wenn man sie allein lässt. Dazu spielte ein Versuchsleiter jeweils mit einem der Hunde, um ihn dann, selbstverständlich videoüberwacht, im Stich zu lassen und in einen Einzelzwinger zu stecken. Dort beobachtete man dann das Verhalten und beurteilte, wie viel Randale der Hund veranstaltete.

Dann gab es noch einen Pessimismustest, um herauszufinden, welche Tiere eher negativ und mit schlechter Grundstimmung auf einen doppeldeutigen Reiz reagieren. Dazu wurde getestet, wie die Hunde sich in einem Raum mit zwei Futternäpfen verhalten, wobei der Napf in der Nähe mit Futter bestückt und der entferntere leer war. Dabei wurde in drei aufeinanderfolgenden Versuchen gemessen, ob, wann und wie schnell sich die Hunde jeweils vom ersten Napf zum entfernten leeren Napf bewegten. Je länger ein Hund brauchte, um den leeren Fressnapf zu erreichen, desto stärker wurde deren pessimistische Grundstimmung bewertet. Man ging davon aus, dass ein Pessimist den Napf voraussichtlich für leer hält und deshalb weniger motiviert ist, dorthin zu schleichen. Die optimistischen Hunde sahen die Sache ganz anders und versuchten, schnell an den leeren Napf zu gelangen – in freudiger Erwartung auf ein Festessen.

Die Wissenschaftler konnten auf diese Weise klar zeigen, dass die vierbeinigen Pessimisten in den vorangegangenen Verhaltenstests deutlich schlechter abschnitten. Die mutlosen Hunde fallen besonders durch Bellen, Zerstörungswut und ähnliches Verhalten auf. Die Wissenschaftler konnten so einen Zusammenhang zwischen

Weltanschauung und der Neigung zu Randale nachweisen.

Es gibt also auch unter Tieren verschiedenartige Lebenseinstellungen. Einige Hunde sind psychisch geradezu veranlagt, den Pantoffel des Herrchens zu zerreißen oder die Wohnung mit Haufen zu verzieren. In diesem Falle braucht Bello also eher die sprichwörtliche Couch als einen hinter die Löffel.

Quelle: Mendl, Michael/Brooks, Julie/Basse, Christine/Burman, Oliver/Paul, Elizabeth/Blackwell, Emily/Casey, Rachel (2010): Dogs showing separation-related behaviour exhibit a ›pessimistic‹ cognitive bias, in: *Current Biology*, Nr. 20, S. R839–840.

Die Studie, die zeigt, wie man als Moslem im Weltraum korrekt betet

Es handelt sich bei dieser Studie eher um einen Ratgeber, der muslimische Raumfahrer bei der Durchführung des »Ibadah«, dem muslimischen Gebet, auf der Internationalen Raumstation (ISS) anleiten soll. Unklar war bisher, ob Schwerelosigkeit automatisch Ungläubigkeit zur Folge hat. Die Studie sollte deshalb die Forschungstätigkeit eines Astronauten mit den Verpflichtungen eines gläubigen Muslims in Einklang bringen und so muslimischen Astronauten die Möglichkeit geben, die Reinheit der islamischen Religion auch im Orbit aufrechtzuerhalten.

Dieser Leitfaden wurde nötig, weil im Juni 2003 erstmalig ein Angkasawan, so nennt man Raumfahrer in Malaysia, muslimischen Glaubens zur ISS geschickt wurde. Und die Durchführung islamischer Rituale im All ist nicht gerade unproblematisch. Weder die Ausrichtung gen

Mekka noch die Bestimmung der Gebetszeiten ist bei der hohen Geschwindigkeit, mit der die Station die Erde umrundet, einfach umzusetzen. Auch das rituelle Waschen gestaltet sich in der Schwerelosigkeit nicht sehr leicht, da Flüssigkeiten dort perlen. Islamwissenschaftler haben sich deshalb auf einer Konferenz damit beschäftigt, was bei der Durchführung von Gebeten im Weltraum anders ist und wie man ein altes religiöses Ritual an die Raumfahrtzeit anpassen könnte. Man ist sich darüber einig, dass der islamische Glaube sowie dessen Regelwerk auch auf der ISS umsetzbar sind.

Das Waschen, »Istija«, ist möglich, indem man die auf der Station vorrätigen Reinigungstücher benutzt, die das Perlen von Wasser unter Schwerelosigkeit umgehen. Die Regel muss aber sein, dass nicht weniger als drei Reinigungstücher benutzt werden. Das trockene Waschen, welches normalerweise mit Sand oder Staub durchgeführt wird, darf auch nur mit den bloßen Handflächen vollzogen werden. Die Ausrichtung des Gebets auf die Kaaba in Mekka ist nach einer stufenweisen Ausrichtung grundsätzlich auch in der Umlaufbahn der Erde möglich. Die Gebetsrichtung soll nach dieser Abstufung ermittelt werden: erst direkt zur Kaaba, dann direkt zur Erde und danach überallhin. Die Bestimmung der fünf Gebetszeiten ist ebenfalls problematisch, da sie durch den irdischen Vierundzwanzig-Stunden-Rhythmus definiert sind. Die Islamwissenschaftler empfehlen, sich hinsichtlich der Gebetszeiten auf die Zeitzone des Weltraumhafens zu beziehen, von wo aus der Raumfahrer gestartet ist. Der charakteristische Stehen-Verbeugen-Niederwerfen-Bewegungsablauf des islamischen Gebets ist ohne spürbare Schwerkraft ebenfalls nicht so einfach. Auch die Richtlinien einer besonderen Körperhaltung beim

Gebet folgen im All einer pragmatischen Handhabung. Wenn kein aufrechtes Stehen möglich ist, dann darf jede Stehhaltung als angemessen gelten. Im Sitzen reicht bereits das Senken des Kinns in Richtung der Knie. Auch das Öffnen und Schließen der Augenlider kann den Forschern zufolge als veränderte Haltung während des Gebets angesehen werden. Letztendlich reicht es sogar aus, sich die Bewegungssequenz des Gebets in Gedanken abzuspielen.

Da die NASA über Astronautennahrung verfügt, die »halal«, also nach islamischem Glauben zulässig ist, kann auch alles gegessen werden, was den muslimischen Astronauten auf der Raumstation angeboten wird. Und notfalls darf auch Nahrung verzehrt werden, die »haram«, also verboten ist.

Außerdem ist der Raumfahrer dazu angehalten, die islamische Reiseethik zu befolgen, also in ständiger Beziehung mit Allah zu bleiben, den Frieden auf der Raumstation zu wahren und dafür zu sorgen, dass alles, soweit möglich, mit den islamischen Regeln im Einklang ist.

Quelle: Department of Islamic Development Malaysia (2007): A guideline of performing Ibadah at International Space Station (ISS).

Die Studie, die zeigt, dass Blasendruck das Denkvermögen erhöht

Für die meisten Menschen ist es eine Erleichterung, wenn sie nach langer Wartezeit endlich pinkeln können. Für viele ist es wiederum auch eine Erleichterung, wenn sie nicht nachdenken müssen. Jetzt weiß man, dass zwischen diesen beiden Phänomenen ein Zusammenhang besteht.

Forscher haben nämlich herausgefunden, dass das Denken unter Blasendruck besser funktioniert. Blasendruck gegen Gehirndruck? Unglaublich, aber wissenschaftlich geprüft: Verzichtet man auf das rechtzeitige Entleeren der Blase, denkt man schärfer und genauer. Zwischen Harnlassen und Genie existiert ein positiver Zusammenhang. Menschen mit einer vollen Blase müssen sich besser kontrollieren, was auch bei wichtigen Kopfproblemen zu einer besseren Urteilsfähigkeit und damit zu besseren Entscheidungen führt. Bisherige wissenschaftliche Untersuchungen zeigten, dass die Blasenkontrolle die Teile des Gehirns aktiviert, die auch für Gefühle von Lust und Belohnung zuständig sind. Nur der Gedanke ans Wasserlassen allein löst schon positive Gefühle aus. Dass Blasendruck allerdings auch schlau macht, war bisher unbekannt. Bevor man Aktienkurse beurteilt oder wissenschaftliche Hypothesen prüft, sollte man folglich ausreichend viel Flüssigkeit zu sich nehmen, damit der Blasen- und Denkdruck wächst.

Die Steuersignale des Gehirns sind nicht, wie bisher angenommen, aufgabenspezifisch, sondern wirken sich auch auf ganz andere Aufgabenbereiche aus. Blasendruck führte in der vorliegenden Studie dazu, dass die Probanden kurzfristige Impulse besser unterdrücken konnten und in Entscheidungsspielen häufiger die für sie auf lange Sicht günstigere Möglichkeit wählten. Das Gehirn sendet die Signale, die zur Steuerung der beiden zuständigen Schließmuskeln nötig sind, auch in die Bereiche, die nichts mit der Blasenkontrolle zu tun haben und andere Arten der Selbstkontrolle regeln.

Bei zunehmender Blasenfüllung und ansteigendem Blasendruck werden die neurologischen Bereiche der Selbstkontrolle unspezifisch aktiviert, so die Erklärung der Forscher. Die Unterdrückung des Harnlassreflexes ermöglicht gleichzeitig das Zurückstellen spontaner Wünsche zugunsten einer auf einen späteren Zeitpunkt ausgerichteten längerfristigen Handlung.

Die Probanden wurden für dieses Experiment in zwei Gruppen aufgeteilt. Die eine Hälfte der Probanden musste mindestens fünf Tassen mit jeweils 750 Millilitern Wasser trinken und eine Dreiviertelstunde warten, bevor sie anschließend eine Vielzahl von Aufgaben zu lösen hatten, die Selbstkontrolle messen. Dabei wurden beispielsweise Farbworte gezeigt, die manchmal mit der Schriftfarbe übereinstimmten und manchmal nicht, zum Beispiel wenn das Wort »Grün« in blauer Farbe gezeigt wurde. Außerdem gab es Abwägungstests, bei denen die Probanden zwischen einer sofortigen, aber kleinen Belohnung und einer großen, langfristigen wählen mussten. Während sie die Aufgaben lösten, wurde erfasst, wie hoch der subjektive Blasendruck von jedem einzelnen Probanden empfunden wurde. Es zeigte sich, dass die Probanden mit voller Blase den Farbtest schneller erledigten und beim Abwägungstest die Option mit dem auf lange Sicht größeren Nutzen bevorzugten. Und selbst weitere zur Ablenkung eingestreute Tests konnten sie präziser lösen. Bei allen Aufgaben ging es darum, die sich aufdrängende falsche Antwort zu unterdrücken, um richtig zu reagieren und strategisch sinnvoll zu entscheiden.

Ob die zum Anhalten des Stuhlgangs rekrutierte Willenskraft ebenfalls die Denkleistung fördert, ist bisher noch unerforscht.

Quelle: Tuk, Mirjam A./Trampe, Debra/Warlop, Luk (2011): Inhibitory spillover: increased urination urgency facilitates impulse control in unrelated domains, in: *Psychological Science*, Nr. 22, S. 627–633.

Die Studie, die zeigt, dass ausgerechnet Ethikstudenten ihre Bibliothek beklauen

Verhalten sich ausgerechnet Ethikstudenten, angehende Experten des guten und gerechten Handelns, unethisch? Offensichtlich befördern explizite Expertenkenntnisse über ethische Belange amoralisches Verhalten, fand eine Studie zu diesem Thema heraus.

Muss sich Aristoteles im Grabe umdrehen? Wie geht es auf philosophisch-methodischem Weg in die Unmoral? Das wäre tatsächlich erschreckend neu, erwartet man doch ausgerechnet von Vertretern dieser Disziplin das genaue Gegenteil, nämlich richtiges und gutes Handeln. Ein empirischer Ethiker hat sich jetzt der moralphilosophischen Verfehlungen angenommen und herausgefunden, dass Studenten der Ethik mehr Bücher stehlen als ihre Kommilitonen aus anderen Fachrichtungen.

Ob sich Vertreter dieser wissenschaftlichen Disziplin besonders gut benehmen, wurde bisher nie empirisch untersucht. Der Forscher erfasste dazu nun in den führenden wissenschaftlichen Bibliotheken die Anzahl der fehlenden Ethikfachbücher sowie deren Mahnzeiten und verglich diese Werte mit denen anderer Bücher. Die Daten dazu lieferten die Kataloge von dreizehn Bibliotheken angelsächsischer Eliteuniversitäten.

Die kleine Studie ergab, dass Fachbücher aus dem Themenbereich der Ethik tatsächlich rund fünfzig Prozent häufiger fehlen als die übrigen Bücher. Und auch die klassischen Standardbücher der Ethik fehlten etwa doppelt so häufig wie andere philosophische Klassiker. In zwölf der dreizehn untersuchten Universitätsbibliotheken fehlte der größte Teil der Ethikbücher. Da dieser Effekt nicht nur Standardwerke, sondern auch sehr fachspezifische Titel betraf, waren es sehr wahrscheinlich die fortgeschrittenen Studenten der Ethik, die sich unmoralisch mit moralischem Lesestoff versorgten.

Wie kommt es zu so einem augenfälligen Widerspruch zwischen idealistischen Werten und der tatsächlichen Lebenspraxis? Wenn nicht sie, wer dann muss es wissen? Vielleicht sind Ethikstudenten auch einfach nur pleite und gleichzeitig von ihrem Fach besessen, sodass ihr Wissensdurst sie zum Diebstahl verleitet. Dann könnte man gewissermaßen von studentischem Mundraub sprechen. Sie entwenden lediglich geistige Nahrung zum sofortigen Verzehr. Der Forscher überprüfte diese These und konnte zeigen, dass die entwendeten Ethikbücher keineswegs teurer als die in den Regalen verbliebenen Exemplare waren. Aus der Verleihstatistik lässt sich außerdem ablesen, dass diese auch nicht häufiger ausgeliehen wurden als andere Bücher. Weder Knappheit noch Armut kann demnach in diesen Fällen eine Rechtfertigung oder zumindest Erklärung sein.

Es lässt sich daraus sicherlich nicht folgern, dass Ethiker und ihre Schüler nun wirklich schlechtere Menschen sind. Der Verdacht liegt aber nahe und wird von den Daten dieser Studie deutlich untermauert. Um diese Schlussfolgerung zuzulassen, wären sicherlich zusätzlich kriminalistische Untersuchungen notwendig. Auf jeden Fall, und das ist nun bewiesen, zeichnen sich Studenten dieser Disziplin nicht in besonderem Maße durch überlegene Gewissenhaftigkeit, Ehrlichkeit und Fürsorge bezüglich des Gemeinschaftseigentums aus.

Viel eher, so vermutet der Wissenschaftler, führen fundierte Kenntnisse der Morallehre einfach in die entgegengesetzte Richtung. Moralische Erkenntnis sei immer mehrdeutig: Sie fördere die Moral, indem sie belehre und sie untergrabe die Moral, indem sie die Rechtfertigungsfähigkeit verbessere.

Was es für Auswirkungen auf die ethische Bildung insgesamt hat, wenn die entsprechende Fachliteratur sogar an Eliteuniversitäten fehlt und dem wissenschaftlichen Nachwuchs nicht zur Verfügung steht, ist wiederum eine andere Frage.

Quelle: Schwitzgebel, Eric (2009): Do ethicists steal more books?, in: *Philosophical Psychology*, Nr. 22, S. 711–725.

Die Studie, die zeigt, welches Lebewesen den größten Selbsthass hat

Eine Art des Buntbarschs hasst sich selbst mehr als alles andere. Zu niemandem verhält sich dieser Fisch so feindlich wie sich selbst gegenüber. Sieht er sein eigenes Spiegelbild, greift er dieses sofort an. Gehirnscans zeigen darüber hinaus, dass der Fisch nicht nur große Aggressivität und Unlust verspürt, sondern auch noch unter extremer Angst vor sich selbst leidet. Die Forscher betonen, dass der Fisch sich sehr wahrscheinlich nicht erkennt. Dennoch, auf sich selbst reagiert er ängstlicher und aggressiver als auf jeden seiner Artgenossen und typischen Fressfeinde. Dieser Buntbarsch hasst sich einfach leidenschaftlich. Die Wissenschaftler haben damit wohl die tragischste Gestalt der Tierwelt entdeckt. Was ist, wenn der Kampf gegen sich selbst schrecklicher ist als der gegen einen echten Fressfeind?

Die Forscher können zwar nicht sagen, ob es sich für den Fisch tatsächlich wie Angst anfühlt; Angst ist ein menschliches Konzept. Aber es sind mit Sicherheit ziemlich negative Trips, die der Fisch da mitmacht. Bei Vertretern dieser afrikanischen Buntbarschart kommt es beim Anblick des eigenen Spiegelbilds zu einer starken Reizung der Amygdala, einer Gehirnstruktur, die an der Entstehung starker Emotionen, insbesondere von Angst, beteiligt ist. Man sammelte dafür Daten aus vier verschiedenen Hirnregionen. Die Biologen verglichen die erschütternde und mitleiderregende Unlustreaktion des Fisches auf sein Spiegelbild mit der Präsentation eines Fressfeindes und maßen parallel seine Verhaltensreaktionen – Konfrontation im Acht-Liter-Wassertank. Zur Kontrolle beobachteten die Forscher selbstverständlich auch das Verhalten des Fisches, wenn weder Feind noch Spiegelbild zu sehen waren. Außerdem wurden die Fische gefilmt und ihr Aggressivitätsgrad durch einen Beobachter bewertet. Berücksichtigt wurde die Anzahl der Bisse, Stöße und das Präsentieren der Körperseite, für Buntbarsche alles typische Ausdrücke aggressiven Verhaltens. Ferner wurden Blutproben gesammelt und Testosteronwerte gemessen. Zusätzlich entnahm man danach das gesamte Gehirn chirurgisch, um Gewebeproben zu erhalten.

Spiegelbildtests werden in der Forschung eingesetzt, um herauszufinden, ob Tiere die Fähigkeit besitzen, sich selbst zu erkennen. Dass dieses Verfahren zu einer solch komischen Tragik führen würde, konnte niemand ahnen. Bei Fischen stellten andere Wissenschaftler bereits aggressives Verhalten gegenüber Spiegelbildern fest. Man wollte nun wissen, ob sich die beim Betrachten der Spiegelbilder aufkommende Aggressivität von der unterscheidet, die Fische bei ihrem täglichen Kampf um knappe Ressourcen, bei der Fortpflanzung oder beim Treffen auf Räuber zeigen. Kämpfen Fische mit dem Spiegelbild genauso wie mit Fressfeinden oder Nahrungskonkurrenten? Gäbe es tatsächlich Unterschiede, dann müsste sich das auch in der Verhaltens-, Hormon- und Hirnaktivität beobachten lassen.

Tatsächlich zeigt das Ergebnis der Studie, dass die Furcht und der Hass vor sich selbst im Falle des Buntbarschs jede andere Art der Aggression in den Schatten stellt. Der Fisch ist sein eigener Feind und die Natur eine Meisterin der Tragödie. Das Ausmaß der autoaggressiven Abscheu des Buntbarschs ist wohl nur mit Narziss vergleichbar, jener mythischen Gestalt, die sich in ihr eigenes Spiegelbild verliebte – nur eben andersherum. Der eine ist das Sinnbild liebeskalter Selbstbezogenheit, der andere das Sinnbild hasserfüllter Selbstverachtung.

Quelle: Desjardins, Julie K./Fernald, Russell D. (2010): What do fish make of mirror images?, in: *Biology Letters*, Nr. 6, S. 744–747.

Die Studie, die beschreibt, was ein wirkliches Phantomglied ist

Das Phänomen der sogenannten Phantomgliedmaßen nach der Amputation von Armen oder Beinen ist bekannt. Klar ist auch, dass es sich dabei meistens um schmerzhafte Empfindungen handelt. Solche Geschichten rufen allerhöchstens ein Phantomerstaunen hervor, das Empfinden eines fehlenden Vergnügens. Unbekannt war bisher aber, dass es auch etwas gibt, das tatsächlich die Bezeichnung »Phantomglied« verdient. Und dass Phantomempfindungen auch von angenehmer Natur sein können.

Das Entfernen von Körperteilen, die gar keine Gliedmaßen sind, kann ebenfalls das Gefühl auslösen, sie seien weiterhin vorhanden – wie es zum Beispiel beim männlichen Glied der Fall sein kann. Die Kastration im Zusammenhang einer Geschlechtsumwandlung führt bei den Patienten mitunter zu dem Gefühl, den verlorenen Penis zu spüren, oder gar zu dem Bedürfnis, ihn zu berühren. Es handelt sich dabei aber lediglich um einen imaginären Penis, einen Phantompenis. Ein Patient berichtete sogar, seine Empfindung unterstelle, das Geisterglied sei sogar etwas zu kurz. Erklärbar sind diese Zustände damit, dass auch entfernte Genitalien weiterhin im Gehirn verankert sind. Es handelt sich also um eine physiologische Empfindung.

In einer Studie haben zwei Forscher einen solchen Fall gefunden und untersucht. Er ist nicht nur von medizinischer und theoretischer Bedeutung, sondern zum Großteil sogar lustig. Insbesondere, weil dieses Phantom im Zusammenhang mit angenehmen Empfindungen steht. Ganz im Gegenteil zum Verlust sonstiger Extremitäten kann der des Penis sogar zu einem Lustgewinn führen. Es ist also ein lüsterner Geist, der Kastrierte verfolgt. Phantompenisse und Phantomerektionen wurden bisher eher selten gemeldet. Die Ursache des Phantomempfindens nach einer Penisamputation lässt sich den Forschern zufolge wahrscheinlich mit verschiedenen neuronalen Aktivitäten im Gehirn erklären.

Die Fallstudie berichtet von einem erfolgreichen Geschäftsmann, der sich im Alter von vierundvierzig Jahren aufgrund eines Karzinoms für eine Amputation seines Penis und eine Entfernung der Lymphknoten entschied. Die Hoden wurden beibehalten und auch die Kontrolle über die Blasenfunktion blieb. Zwanzig Jahre nach der Amputation berichtete der Mann von dem Gefühl einer Erektion. Er war wegen einer Durchblutungsstörung des Gehirns in ärztlicher Behandlung. Trotz seines amputierten Gliedes verspüre er regelmäßig eine Erektion. Insbesondere erotische Stimulationen, zum Beispiel wenn er »eine hübsche junge Frau« sah, verschafften ihm Phantomerektionen. Das Phantomglied war nach seinem Empfinden in Größe und Form relativ normal und er habe dabei ein Gefühl sexueller Erregung verspürt.

Das Gefühl dieser eigentlich ja gar nicht möglichen Erektion erklären die Forscher damit, dass der Patient weiterhin einen Rest des Schwellkörpers besaß – durch einen Operationsfehler.

Die Beschreibung dieses Phänomens hilft den Forschern dabei, ein realistisches Konzept der neuronalen Schaltkreise zu entwickeln, die bei einer Erektion beteiligt sind. Ähnliche Phänomene kennt man auch bei Brustamputationen. Während der Menstruation haben betroffene Frauen das Gefühl, ihre nicht mehr vorhandenen Brüste würden anschwellen.

Offensichtlich hat sich das Gehirn neu sortiert, um die fehlenden Inputs zum Beispiel des Penis zu kompensieren. Warum besagter Mann allerdings sexuelle Gefühle dabei empfand, ist nicht klar. Wahrscheinlich war das einfach eine – sehr angenehme – Überreaktion des Gehirns.

Quelle: Fischer, C. M. (1999): Phantom erection after amputation of penis. Case description and review of the relevant literature on phantoms, in: *Canadian Journal Neurological Sciences*, Nr. 26, S. 53–56.

Die Studie, die zeigt, dass Bier vor radioaktiver Strahlung schützt

Jedes Prösterchen ein geladenes Teilchen? Ganz so platt ist es dann doch nicht, was japanische Forscher in einer b(i)erauschenden Studie entdeckten: Bier erhöht auf eine noch ungeklärte Weise die Fähigkeit von Zellen, sich vor radioaktiver Strahlung zu schützen.

Die Forscher haben tatsächlich herausgefunden, dass Biertrinken, zumindest unter experimentellen Bedingungen, vor durch Strahlung ausgelösten Veränderungen von Chromosomen der weißen Blutkörperchen schützt. Die Veränderungsrate war eindeutig niedriger, wenn man die Blutkörperchen erst drei Stunden nach dem Bierkonsum entnahm. Da man dieses Phänomen auch mit reinem Ethanol überprüfte und keinen solchen Effekt feststellte, gehen die Forscher davon aus, dass es ausschließlich die besonderen Bestandteile des Biers sind, welche zu diesen Veränderungen führen. Das Lieblingsgetränk der Deutschen könnte den japanischen Forschern zufolge eine entscheidende Substanz enthalten, die gesunde Zellen vor den Auswirkungen der Strahlung zu schützen vermag.

Um die Eignung des Biers als Strahlungsschutz zu erforschen, wurde einem gesunden Probanden Blut abgenommen, bevor er Bier trank, und in regelmäßigen Abständen bis viereinhalb Stunden danach. Außerdem untersuchte man die Alkoholkonzentration im Blut und die weißen Blutkörperchen. Danach bestrahlte man die behandelten Blutproben mit schweren geladenen Teilchen, die normalerweise unangenehme Auswirkungen auf menschliche Zellen haben. Die verwendete Röntgenstrahlung kann zu Erbgutveränderungen führen und ist dadurch eine häufige Ursache für schwerwiegende Krankheitsbilder. Sie verursacht beispielsweise irreparable Schäden an der DNA im Kern einer Zelle.

Einige Bestandteile des Biers wirken offensichtlich als Strahlenschutz. Wie genau beim Bierkonsum das Hopfengetränk die Strahlen in Schach hält, konnten die Forscher allerdings noch nicht sagen. Na, dann passt ja ein »Prost«, die Wunschformel, die ursprünglich so viel bedeutet wie: »Es möge nützen.«

Quelle: Monobe, Manami/Ando, Koichi (2002): Drinking beer reduces radiation-induced chromosome aberrations in human lymphocytes, in: *Journal of Radiation Research*, Nr. 43, S. 237–245.

Die Studie, die zeigt, dass Mehrsprachigkeit zu multipler Persönlichkeit führt

Mehrsprachigkeit ist heute eine Voraussetzung für beruflichen Erfolg. Doch was sind die psychischen Folgen einer multilingual-globalisierten Welt? Führt Mehrsprachigkeit zu einer babylonischen Persönlichkeitsverwirrung? Verhaspeln sich Vielsprachler eher in ihren Charaktereigenschaften als in ihren Sprachen?

Sprache verändert das eigene Denken grundlegender, als man vermuten würde. Das zeigen jedenfalls die Ergebnisse einer aktuellen Untersuchung. Viele Sprachen zu sprechen, kann tatsächlich dazu führen, dass sich die Persönlichkeit verändert. Und zwar abhängig von der jeweils gerade gesprochenen Sprache. Wissenschaftler aus Hongkong unternahmen gängige Persönlichkeitstests mit über zweihundert Probanden, die neben der chinesischen Sprache auch fließend Englisch sprachen.

Die Testergebnisse zeigen, dass sich die Probanden, sobald sie Englisch sprachen, auffallend in ihrer Persönlichkeitsstruktur wandelten. Im Vergleich zu Tests in chinesischer Sprache zeigten sich die Probanden wesentlich selbstbewusster, extrovertierter und allgemein offener, wenn sie Englisch sprachen. Solche Persönlichkeitseigenschaften sind eher typisch für englische Muttersprachler als für Chinesen.

Die Forscher sehen darin einen Beweis für den Zusammenhang zwischen Sprache und Persönlichkeitsmerkmalen. Die Persönlichkeit ist damit so flexibel, dass sie von der Sprache beeinflusst werden kann. Die Grundzüge der Ursprungskultur einer Sprache werden über die gesprochene Sprache in die eigene Persönlichkeit integriert. Das mentale Lexikon, in dem die sprachlichen Einheiten abgespeichert sind, beinhaltet offenbar auch grundlegende psychische Eigenschaften.

Ein Wechsel der Sprache löst also eine sehr schwache Form der multiplen Identitätsstörung aus. Die Probanden verfügten über unterschiedliche Persönlichkeiten, die sich abwechseln und getrennt auftreten.

Als Instrument benutzten die Forscher unter anderem das in der Persönlichkeitspsychologie gängige Fünf-Faktoren-Modell, das fünf Hauptdimensionen der Persönlichkeit unterscheidet. Dem Modell liegt die Vorstellung zugrunde, dass sich Persönlichkeitsmerkmale auch auf die Sprache auswirken. Die Forscher benutzten einen darauf aufbauenden Persönlichkeitstest in zwei Sprachen. Die eine Hälfte der Testgruppe absolvierte den Test in englischer, die andere in chinesischer Sprache.

Außerdem sollten Beobachter genau hinschauen und sagen, was ihnen an dem Verhalten der Probanden auffiel. Diese Helfer waren darin geschult, Verhaltensweisen zu erfassen und zu bewerten, während sie den Probanden zusätzliche Fragen in englischer oder chinesischer Sprache stellten.

Die Forscher überprüften auch, ob sich die sprachenbezogenen Unterschiede im Fühlen, Denken und Verhalten möglicherweise durch Erfahrungen wie Auslandssemester oder internationale Projekte erklären lassen. Eine Erklärung könnte nämlich sein, dass der Proband die kulturellen Hintergründe der Fremdsprache zu erfüllen versucht. Aber solche Einflüsse konnten ausgeschlossen werden. Nach Beachtung des kulturellen Hintergrunds, des sozialen Status, des Geschlechts und des Alters blieb der Einfluss der Sprache auf die Persönlichkeit bestehen – wenn auch in schwacher Ausprägung.

Quelle: Chen, Sylvia Xiaohua/Bond, Michael Harris (2010): Two languages, two personalities? Examining language effects on the expression of personality in a bilingual context, in: *Journal of Personality and Social Psychology*, Nr. 36, S. 1514–1528.

Die Studie, die zeigt, dass Dummheit ansteckend ist

Intelligenz und Wissenserwerb gelten nicht nur in der Wissenschaft als Ideale. Deshalb erforschen Wissenschaftler hin und wieder auch die Ursachen für individuelle Dummheit und entsprechende Tendenzen in der Gesellschaft. »Morologie« nennt man das scherzhaft, wenn man Dummheit wissenschaftlich untersucht. Dummheit könnte sich ja ausbreiten. Dann braucht man gesicherte Erkenntnisse, um eine Epidemie zu verhindern. Dummheitsepidemie? Tatsächlich gibt es eine Studie, die zeigt, dass Dummheit ansteckend ist. Nicht nur mangelhafte Bildung oder eine schwache Intelligenz, sondern ebenso die direkte Konfrontation mit Dummheit selbst macht dumm. Virale Dummheit – ist das möglich?

Die österreichischen Forscher untersuchten eigentlich, ob und inwieweit von den Medien vermittelte Inhalte die geistigen Fähigkeiten eines Menschen beeinflussen. Gezeigt haben sie aber, dass die Intelligenz oder die kognitive Leistungsfähigkeit eines Menschen allein durch das Lesen einer saudummen Geschichte eingeschränkt werden kann. Es findet offenbar eine Anpassung an die zuvor wahrgenommene Dummheit statt.

In einer experimentellen Studie ließen die Forscher einundachtzig Probanden, fünfundvierzig weibliche und sechsunddreißig männliche, eine Geschichte über einen dümmlich wirkenden Fußballfan lesen. Dabei handelte es sich um das Drehbuch eines Kurzfilms, in dem ein fünfunddreißig Jahre alter Mann namens Meier, beschrieben als fremdenfeindlicher, alkoholkranker und aggressiver Randalierer, dumme Sachen tut, indem er etwa eine Schlägerei provoziert. Der Text der Kontrollgruppe war ebenfalls ein kurzes Filmskript, in dem auch ein Mann namens Meier eine Rolle spielt, der im Gegensatz zu seinem Namensvetter jedoch eine normale Intelligenz aufweist. Die Teilnehmer der Studie wurden nach dem Zufallsprinzip einer der zwei Textversionen zugeordnet. Die Probanden sollten jeweils den Text aufmerksam lesen und die wichtigsten Punkte in zwei bis drei Sätzen schriftlich zusammenfassen. Im Anschluss mussten alle Probanden einen Wissenstest mitmachen. Danach verglichen die Forscher die Ergebnisse beider Gruppen miteinander.

Die Probanden, die die Geschichte des dummen Fußballfans zu lesen bekamen, schnitten im Wissenstest sehr viel schlechter ab als die Probanden der Kontrollgruppe, die die Textversion ohne dümmlichen Fan gelesen hatten. Offensichtlich führt die Beschäftigung mit dem Stereotyp eines dummen Fußballfans zu diesem messbaren Leistungsabfall.

Es wurde auch getestet, ob »geballte« Dummheit noch dümmer macht. Bestimmt die Dosis die Wirkung des Gifts? Die Forscher untersuchten deshalb, ob die Länge der Lektüre einen Einfluss auf dieses Ansteckungsphänomen hat. Dazu bereiteten sie eine kurze und eine lange Version der Geschichte vor. In der langen Version waren mehr Details zur dümmlich-törichten Hauptfigur zu lesen als in der kurzen. Die kürzere umfasste 369, die längere 690 Wörter – wahrscheinlich so etwas wie eine Überdosis.

Und tatsächlich, der Ansteckungseffekt stieg mit der Textmenge. Je mehr über eine dümmliche Hauptfigur gelesen wird, desto schlechter fällt das Ergebnis des anschließenden Wissenstests aus – und desto dümmer wird man.

Tatsächlich, Dummheit ist infektiös. Die Dummheit des Protagonisten der Erzählung weckt die Dummheit des Lesers. Der Intelligenzunterschied zwischen Proband und Protagonist wird dadurch gewissermaßen ausgeglichen. Der dumme Meier löste einen messbaren Effekt auf die Probanden aus. Offensichtlich führen mediale Inhalte dazu, dass man sich unbewusst in die Lage des fiktiven Protagonisten versetzt, um schließlich ähnlich blöde zu denken. Gut, dass Sie sich mit diesem Buch für die richtige Art der Lektüre entschieden haben.

Quelle: Appel, Markus (2010): A Story About a Stupid Person Can Make You Act Stupid (or Smart): Behavioral assimilation (and contrast) as narrative impact, in: *Media Psychology*, Nr. 14, S. 144–167.

Die Studie, die zeigt, wie man in einer Paarbeziehung sein eigenes Gesicht verliert

Menschen, die lange zusammenleben, entwickeln im Laufe der Zeit ähnliche Gesichtszüge. Ehepartner gleichen sich in ihrem Aussehen immer stärker einander an, je länger sie verheiratet sind. Dies liegt nicht nur an der menschlichen Neigung, Partner zu wählen, die ohnehin schon eine gewisse Ähnlichkeit aufweisen. Liebespaare besitzen durchaus ähnliche Eigenschaften; so gleichen sie sich zum Beispiel in ihrer Körpergröße, im Brustumfang, in der Länge der Ohrläppchen und vielen anderen körperlichen Details. Doch unabhängig davon lässt sich bei Betrachtung über einen längeren Zeitraum erkennen, dass Ehepaare sich darüber hinaus immer ähnlicher werden.

Die vorliegende Studie kann tatsächlich zeigen, dass sich die Gesichter von Ehepaaren angleichen, dass jeder Partner also seine individuellen Gesichtszüge verliert. Irgendwann steigt man gewissermaßen mit sich selbst ins Bett. Dieses Phänomen wurde folgendermaßen erforscht: Die Grundlage bildeten Hochzeitsfotos von zwölf verheirateten Paaren. Man verglich die Fotografien der einzelnen Ehepartner miteinander, die jeweils kurz vor der Hochzeit und fünfundzwanzig Jahre danach aufgenommen wurden. Rund hundert Probanden beurteilten die Ähnlichkeit der Personen und sollten Aussagen darüber treffen, wer mit wem verheiratet ist.

Um eine unbefangene Beurteilung sicherzustellen, wurden aus den Fotos alle Elemente, Kleidung und Umgebung, wegretuschiert, die auf eine Ehe hinweisen könnten. Die Fotos zeigen nur die Gesichter der Personen. Diese wurden zudem so manipuliert, dass alle die gleiche

Größe hatten. Die Einschätzungen der Probanden zeigten tatsächlich eine Zunahme der Ähnlichkeit nach einem Vierteljahrhundert Ehe.

Die Forscher erklären dieses Phänomen dadurch, dass emotionale Prozesse zu Gefäßveränderungen führen, die zum Teil durch die Gesichtsmuskulatur beeinflusst werden. Die Gesichtsmuskeln wirken auf Venen und Arterien und können den Blutstrom verändern. Die Theorie besagt, dass der alltägliche Gebrauch der Gesichtsmuskulatur dauerhaft Einfluss auf die Eigenschaften des ganzen Gesichts hat. Menschen, die für einen längeren Zeitraum eng miteinander leben und deswegen wiederholt die gleiche Mimik haben, wachsen allmählich ähnliche Gesichtszüge. Es ist übrigens eindeutig nicht das Alter, welches die Gesichter ähnlicher erscheinen lässt. Die Daten zeigen eine stark entgegengesetzte Tendenz. Die Gesichter junger Menschen ähneln sich ebenso oft wie die der älteren. Es konnte kein altersspezifischer Effekt auf das ähnliche Aussehen nachgewiesen werden – Falten oder schlaffe Haut maskieren Unterschiede also nicht.

Ein alternativer Erklärungsansatz verweist darauf, dass die Ähnlichkeit auch an der gleichen Ernährungsweise liegen könnte. Eine gleiche Ernährung würde zu einer ähnlichen Menge und Verteilung des Fettgewebes im Gesichtsbereich führen. Tatsächlich aber unterschieden sich die Ehepartner in ihrem Fettgehalt umso mehr, je älter sie waren. Das Gesichtsfett bietet daher keine Erklärung für die Ähnlichkeiten der Ehepartner.

Es wird angenommen, dass das Nachahmen der Mimik uns subjektiv erleben lässt, was eine andere Person fühlt. Wir simulieren die Gesichtszüge des Gegenübers und damit mehr oder weniger auch dessen Gefühlswelt. Intuitiv verzerren wir beispielsweise das Gesicht, wenn wir eine unter Schmerzen leidende Person sehen. Diese ungewollte und spontane unbewusste Imitationsmimik wurde auch bei sehr subtilen emotionalen Ausdrücken beobachtet – sie ist wahrscheinlich das Zeichen einer grundsätzlichen menschlichen Fähigkeit zur Empathie. Wie automatisch synchronisieren auch Eheleute die mimischen Eigenarten ihres Partners, und das über einen langen Zeitraum. Die Ehe hinterlässt auf diese Weise ihre Spuren auf den Gesichtern der Ehepartner.

Vielleicht ist es aber einfach dieselbe Miene der Langeweile, die sich in die Gesichter gegraben hat. Tiefe Kluften der Verzweiflung, Furchen des Ehefrustes? Diese Annahme wurde durch eine Befragung der fotografierten Ehepaare geprüft. Sie wurden um eine Einschätzung ihrer Zufriedenheit und um die Angabe der Anzahl und Art sehr positiver sowie sehr negativer Erfahrungen im Laufe ihrer Ehen gebeten. Das Ergebnis überrascht deshalb nicht: Je ähnlicher die Ehepartner, desto glücklicher nahmen sie ihre Ehe wahr. Es ist eben nicht der Frust der Ehe, sondern das Eheglück, das sich im Gesicht der Paare widerspiegelte. Wenn Empathie die wichtigste Zutat einer guten Ehe ist und die Angleichung von Mimik und Bewegungen eine Form der Empathie, dann sind besonders ähnlich erscheinende Paare auch besonders glücklich.

Und noch eine interessante Sache hat diese Studie herausgefunden. Auch die Ähnlichkeit zwischen Kindern und ihren Eltern könnte eher durch solche Effekte erklärt werden als durch genetische Vorherbestimmung. Empathie ist vielleicht stärker als gemeinsame Gene. Eine sehr romantische Vorstellung. Bedeutet dies doch, dass adoptierte Kinder mit guter Eltern-Kind-Beziehung größere Ähnlichkeit mit ihren Adoptiveltern aufweisen könnten als leibliche Kinder mit ihren Eltern. Empathie ist stärker als bloße Abstammung und Ähnlichkeit demnach nicht nur durch gemeinsame Gene erklärbar, sondern auch durch längere soziale Kontakte. Die Wissenschaft gibt der Liebe eine Chance – auch der platonischen Variante.

Quelle: Zajonc, R. B./Adelmann, Pamela K./Murphy, Sheila T./Niedenthal, Paula M. (1987): Convergence in the physical appearance of spouses, in: *Motivation and Emotion*, Nr. 11, S. 335–346.

Die Studie, die zeigt, warum man bärtige Männer lieber nicht knutschen sollte

Achtung: Diese Studie kann Pogonophobie auslösen – übertriebene Angst vor Bärten!

Vollbärte sind gerade mal wieder im Trend. Mehr Haare am Mann, das birgt jedoch auch eine unsichtbare Gefahr. Eine Studie zeigt, dass ein bärtiger Mann ein wandelnder Infektionsherd ist, weil sich in seinem Bart sehr leicht fiese Mikroorganismen einnisten können. Das Experiment hat gezeigt, dass Mikroorganismen und Giftstoffe trotz hartnäckiger Bartpflege mit Seife und Wasser nicht wegzubekommen waren. Obwohl das Waschen die Menge an Organismen reduziert, bleiben genügend zurück, die dann Krankheiten übertragen können. Bärtige Männer, insbesondere Wissenschaftler, die in mikrobiologischen Laboren arbeiten, sind damit eine ABC-Gefahr für ihre Familien und Freunde. Insbesondere wer mit infektiösen Mikroorganismen arbeitet, sollte wohl besser keinen Bart tragen. Das Zeichen stattlicher Männlichkeit ist in Wirklichkeit vielmehr der Herd viraler Bedrohung.

Bärte, vor allem in ihrer Vollversion, tragen viele Männer gerne, weil es sie sympathischer, gebildeter und attraktiver wirken lässt. Außerdem entfällt das alltägliche Rasieren. Der Inbegriff maskuliner Behaarung, die Mund, Kinn, Wangen und den oberen Halsbereich bedeckt, ist aber gefährlich.

Um das Phänomen zu untersuchen, mussten Wissenschaftler bärtigen Kollegen Keime um den Bart schmieren. Wissenschaft ist stets an objektiver Aufklärung interessiert, niemals aber daran, jemandem Honig ums Maul zu schmieren. Das sollte man wissen, wenn man eine entsprechende Karriere anstrebt. Genauer gesagt wurden die Bärte der Probanden mit mikrobakteriell belasteter Luft besprüht. Die Männer trugen einen mindestens dreiundsiebzig Tage alten Bart. Um die Wahrscheinlichkeit zu messen, sich mit gefährlichen Keimen anzustecken, ohne dabei aber die Probanden unnötig einer Gefahr auszusetzen, verwendete man zusätzlich eine Schaufensterpuppe mit Naturbart in voller Länge. Die Forscher kontaminierten sie mit dem Auslöserkeim der Geflügelpest sowie mit einem giftigen Bakterium. Das alles lief selbstverständlich in einem isolierten Laborraum ab, in dem man die Temperatur und die Luftfeuchtigkeit regeln konnte.

Immer wieder gibt es medizinische Berichte über Ansteckungen durch indirekten Kontakt, etwa die Übertragung des sogenannten Q-Fiebers in einer Wäscherei für Laborkleidung. Bisher fehlten aber Forschungsberichte über Ansteckungen durch direkte persönliche Kontakte. Und der Bart war ohnehin ein von der Wissenschaft eher vernachlässigter Körperbereich.

Getestet wurden in der vorliegenden Studie die Fähigkeiten der Bakterienspuren und Virenstämme, verschiedene Methoden der Bartwäsche hartnäckig zu überstehen. Zum einen kam die »Plätschermethode« zur Anwendung, bei der man das Duschwasser mit den Händen schöpft und sich dann ins Gesicht spritzt, zum anderen die »Duschstrahlmethode«, bei der man Gesicht und Bart direkt unter den Duschkopf hält. Getrocknet wurden die Bärte der in Zweiergruppen aufgeteilten vier Probanden mit einem sterilen Handtuch. Zum Vergleich wurde das Experiment komplett ohne Waschen der Bärte und auch mit geschorenen Bärten wiederholt. Man testete also gewaschene und ungewaschene Bärte, geschorene Bärte vor und nach dem Waschen sowie gewaschene und ungewaschene glatt rasierte Wangen. Zudem unterteilte man die Bärte in verschiedene Zonen: rechte und linke Schläfe, rechtes und linkes Kinn. Es wurden zahlreiche Abstrichmethoden eingesetzt, um eine sehr genaue mikrobiologische Diagnostik sicherzustellen.

Das Ergebnis war eindeutig: Keime mögen keine rasierten Männer. Der Umkehrschluss ist ebenfalls korrekt: Krankheitserreger mögen Bärte. Und die mikrobiologischen Kulturen fühlen sich nicht nur auf ungereinigten Bärten wohl, sondern auch noch auf bereits gründlich gewaschenen.

Ursprünglich dienten auffällige Bärte mal der Einschüchterung von Rivalen. Nicht ganz unklug, denn der Bart ist eben nicht nur die sichtbare Natur- und Lebenskraft, sondern auch der Hort prinzipiell gefährlicher Krankheitserreger.

Quelle: Barbeito, Manuel S./Mathews, Charles T./Taylor, Larry A. (1967): Microbiological laboratory hazard of bearded men, in: *Applied Microbiology*, Nr. 15, S. 899–906.

Die Studie, die zeigt, dass Countrymusik tödlich sein kann

Die Kraft der Musik mit ihrer Auswirkung auf unser Leben wird allzu oft legendenhaft und verklärt beschworen. Die Tatsache hingegen, dass Musik tödlich sein kann, ist wissenschaftlich bewiesen. Countryklänge als direkter Weg in den Suizid?

Offenbar ist es nicht die Musik an sich, sondern deren Texte, die für Selbstmordgedanken sorgen. Die Songs der populären Countrystars handeln von Scheidung, finanziellen Problemen, ausbeuterischen Arbeitsverhältnissen und anderen alltäglichen Trostlosigkeiten. Gleichzeitig glorifizieren sie ausufernden Alkoholkonsum als praktische Lösung. Schrankenloser Alkoholgenuss steht wiederum in starkem Zusammenhang mit Selbstmorden. Farmer ohne Land, Trucker ohne Geld, wirtschaftlicher Ruin, verlassene Ehemänner: Countrymusik würzt diese Schicksale mit Liedern, die Bitterkeit und Hoffnungslosigkeit verstärken. Bisher haben sich sehr wenige Forscher die Mühe gemacht, die Wechselwirkungen zwischen Gesellschaft, Individuum und Kunst empirisch zu untersuchen.

Musiker erscheinen damit prinzipiell als gefährliche Massenmörder, ihr Vergehen: deren populäre Songtexte. Eine Studie ist dem Zusammenhang zwischen der durchschnittlichen Sendezeit von Countrymusik und der Selbstmordrate in amerikanischen Städten nachgegangen. Und sie ist zu dem überraschenden Ergebnis gekommen, dass der lyrische Inhalt der Musik die Selbstmordrate erhöht. Die Forscher konnten nachweisen: Je länger die Sendezeit, desto höher die Selbstmordrate unter der weißen Bevölkerung in fast allen US-Bundesstaaten. Man nutzte die Daten von fast fünfzig Großstädten. Die Analyse zeigte, dass sich mit dieser Hypothese die Hälfte der Selbstmorde erklären ließ. Dieser Zusammenhang blieb auch bestehen, als man die Selbstmorde zur Kontrolle anders zu erklären versuchte, zum Beispiel mit der Scheidungsrate, der Armutsquote und dem Zugang zu Waffen. Diese Faktoren standen zwar in Zusammenhang mit der Mordrate einer Stadt, nicht jedoch mit den Selbstmorden.

Der Effekt von Musik auf die Selbstmordrate blieb bisher unentdeckt. Musik hat einen Einfluss auf die Stimmung. Diese schlechte Stimmung verstärkt sich oftmals innerhalb einer Gruppe. Die Countryhörer schaukeln sich gewissermaßen gegenseitig auf. Fiedel, Banjo und Mundharmonika spielen das Lied zum Tod – zum selbst gewählten Tod.

Quelle: Stack, Steven/Gundlach, Jim H. (1992): The effects of country music on suicide, in: *Social Forces*, Nr. 71, S. 211–218.

Die Studie, die zeigt, dass die englische Sprache tödlich ist

Okay, nicht immer, wenn die englische Sprache gesprochen wird, kommt es gleich zu Mord und Totschlag. Gemeint ist auch nicht, jemanden »totzulabern«. Nur wenn es Chinesen mit dieser Sprache versuchen, kann das tödlich sein. Das Problem bedroht gar die gesamte Menschheit.

Die Ursache ist natürlich nicht die gesprochene Sprache an sich, sondern vielmehr eine handfeste Erkrankung namens Schweres Akutes Atemwegssyndrom (SARS), die durch Tröpfcheninfektion übertragen wird. Die Bildung von Wörtern und Sätzen führt bei bestimmten Sprachen zu einer besonders feuchten Aussprache. Da fliegen dann schon mal ein paar Erreger durch die Luft, was wiederum die Wahrscheinlichkeit erhöht, dass andere Menschen sie aufnehmen. In diesem Zusammenhang ist zum Beispiel das Coronavirus zu erwähnen, das für den Ausbruch von SARS verantwortlich ist. Die Übertragung ist besonders effizient, wenn Chinesen Englisch sprechen. Die erste SARS-Epidemie begann nicht ohne Grund im Reich der Mitte.

Die englische und die chinesische Sprache verfügen den Forschern zufolge beide über besonders viele Töne, die nur in Verbindung mit starkem Ausatmen gebildet werden können. Chinesisch sprechende Amerikaner und Englisch sprechende Chinesen sind deshalb besonders gefährdet, weil bei ihnen zwei Sprachen mit dieser speziellen Art der Lautbildung zusammenkommen. Das löst beim Sprechen einen wahren Sturm von Tröpfchen und Aerosolen aus, wodurch auch Mikropartikel über große Distanzen verbreitet werden können. Einige der tausend Todesopfer der ersten SARS-Pandemie gehen wohl auf das Konto der speziellen Artikulation besagter Sprachen. Zumindest sehen die Forscher in der sprachlichen Lautbildung einen wichtigen Faktor.

Quelle: Inouye, Sakae (2003): SARS transmission: language and droplet production, in: *Lancet*, Nr. 362 (9378), S. 170.

Die Studie, die zeigt, wie nackte Körper zu Gedächtnisfehlern führen

Die positiven und negativen Auswirkungen auf den Geist, die beim Betrachten eines Aktbildes entstehen, etwa im Museum, waren bisher unbekannt. Sehr überraschend, dass es Wissenschaftler gibt, die dies nun genau beleuchtet haben. Noch überraschender ist wohl das Ergebnis, denn die Erinnerungsfähigkeit für Objekte, die im Zusammenhang mit nackten Körpern wahrgenommen wurden, funktioniert nahezu hundertprozentig. Bingo, der Playboy als Gedächtnisstütze? Allerdings verursacht die Anwesenheit des Nackten dann auch eine Art Amnesie. Die Erinnerungsfähigkeit für Objekte, die unmittelbar vor und nach dem Betrachten eines Aktbildes angesehen wurden, verschlechterte sich erheblich. Nacktheit löscht offenbar die Erinnerung. Ist dies vielleicht auch der Grund, warum man sich immer so schlecht an den Namen des letzten sexuellen Abenteuers erinnert? Ganz klar, man muss es eingestehen, das Bild eines Aktes inmitten einer Reihe von Abbildungen bekleideter Personen ist recht auffällig – auf angenehme Art. Und das lässt die Details der Bilder, die man sich davor und danach angesehen hat, verbleichen.

Die Forscher haben für diese Studie Aktbilder männlicher und weiblicher Personen in eine Reihe von Schwarz-Weiß-Zeichnungen normaler Alltagsgegenstände eingefügt. Man beobachtete den Amnesie-Effekt der Nackedeis im Zuge einer Erinnerungsübung, bei der die Probanden nach einer gewissen Zeit beschreiben sollten, was sie zuvor sahen. Um die Gedächtnisleistung bezüglich der Bilder genau zu messen, wurden in den verwendeten Erinnerungstests neben vorgegebenen Antwortkategorien auch Bewertungsskalen verwendet, mit denen sich die Details präzise erfassen ließen.

Rund hundert Probanden wurden die Bilderreihen präsentiert – dazwischen waren immer wieder Nacktaufnahmen. Jedes Motiv, ob Akt oder nicht, wurde zugeschnitten und in einen Hintergrund eingefügt, der fünf leicht erkennbare Randobjekte enthielt (Gitarre, Pflanze, Musikbuch, Telefon und Kissen). Die Person, ob nackt oder bekleidet, war stets Mittelpunkt des Bildes. Insgesamt vierzehn Hintergründe wurden so mit entblößten und bekleideten Fotomodellen versehen. Die Motive lassen sich in etwa so beschreiben: »tankende Frau«, »sitzende Frau trinkt eine Tasse Kaffee«, »bergsteigender Mann« und so weiter. Dazwischen kam dann die Nacktaufnahme. Jedes Bild wurde für genau drei Sekunden gezeigt. Nach jeweils einer fünfminütigen Aufgabe zur Ablenkung wurden die Probanden zu einem zehnminütigen Erinnerungstest gebeten. Die Forscher verglichen daraufhin die Bildbeschreibungen zwischen der Gruppe mit Nacktbildern und der Kontrollgruppe, die ohne auskommen musste.

Die Erinnerungen an das Aktbild fielen besser als angenommen aus, sie waren nahezu hundertprozentig korrekt. Allerdings war die Gedächtnisleistung für Informationen, die unmittelbar vor und nach dem Akt gezeigt wurden, im Vergleich zur Kontrollgruppe sehr viel schlechter. Für die Testpersonen der Kontrollgruppe war der Test zwar wesentlich unspektakulärer, aber dafür konnten sie sich viel einfacher und lückenloser an die öden Inhalte erinnern. Männer und Frauen reagieren übrigens auch unterschiedlich auf männliche und weibliche Akte. Männer erinnerten mehr Elemente von Frauen- als von Männerbildern; bei den Damen war es genau andersherum, sie erinnerten eine größere Anzahl von Objekten auf Nacktfotos von Männern.

Und damit hört es nicht auf, denn je länger man Aufnahmen nackter Körper zeigte, desto stärker war die Vergesslichkeit bezüglich der nachfolgenden Bilder! Wurden die Aufnahmen in schneller Abfolge gezeigt, erhöhte dies die Amnesie für Details vorangehender Bilder! In einem weiteren Experiment wurde getestet, ob eine langsamere Frequenz der Bilderfolge die Gedächtnisleistung für die normalen Bilder positiv beeinflusst. Hierfür wurden die einzelnen Bilder nicht mehr nur drei, sondern ganze zehn Sekunden lang gezeigt. Aber auch dann wurden die Inhalte von Bildern mit Nackten besser erinnert als die der anderen. Die Probanden erinnerten die Details der Bilder sehr viel schlechter, die den Nacktbildern direkt folgten. Dafür verbesserte sich ihre Erinnerungsfähigkeit hinsichtlich der vor dem Nacktbild gezeigten Aufnahmen. Die Studie zeigt: Nacktheit führt zu einer Amnesie.

Die Forscher gehen davon aus, dass sich die Fähigkeit des Menschen, Informationen zu verarbeiten, von Augenblick zu Augenblick und vor allem in Abhängigkeit von der Art der Information unterscheidet. Ein besonders herausragender Inhalt in einer Nachricht kann dazu führen, dass andere Teile vorzeitig vergessen werden. Diese Ergebnisse zeigen, dass es durchaus eine Abwägung gibt, in der die Erinnerung an das Wesentliche der Nacktfotos zulasten der Inhalte anderer Bilder geht.

Die Akte sind Reize, die zu erhöhter Herzfrequenz, gesteigerter Hautleitfähigkeit und wachsender Erregung führen. Insgesamt ist also Vorsicht angebracht, wenn man ein Erotikmagazin in die Hand nimmt, denn man könnte wichtige Dinge dabei vergessen.

Quelle: Schmidt, Stephen R. (2002): Outstanding memories: the positive and negative effects of nudes on memory, in: *Journal of Experimental Psychology*, Nr. 28, S. 353–361.

Die Studie, die zeigt, dass auch in der Schriftart Poesie steckt

Können Schriftarten Emotionen auslösen? Die Kraft, Gefühle zu wecken, schreibt man eigentlich nur poetischen Texten zu. Doch was bestimmt wirklich die dichterische Qualität eines Textes? Geht die Wirkung von sprachlichen Besonderheiten und Abweichungen aus oder von der tieferen Bedeutung der darin enthaltenen Geschichte? Ist es die phonetische, syntaktische und semantische Gestaltung, sind es Versmaß, Reim und Rhythmus oder eher kunstvolle Stilfiguren? Oder ist es doch noch viel augenfälliger? Für Literaturliebhaber ist die Sache ganz klar: Es ist das Talent des Poeten. Für Sprachwissenschaftler ist das jedoch nicht so einfach.

Denn die Schriftart, in der ein Text gesetzt ist, könnte dabei eine durchaus wichtige Rolle spielen. Um diese These zu überprüfen, wählten Forscher zwei satirische Texte aus der *New York Times* aus, jeweils einmal in der Schriftart »Times New Roman« und einmal in »Arial« gesetzt. Es wurde selbstverständlich immer in gleicher Größe gedruckt. Man gab die Texte in zufälliger Reihenfolge rund hundert studentischen Probanden, mehr als ein Drittel davon waren Frauen. Die literarische Gattung Satire ist eine Spott- oder Stachelschrift, die ärgerliche und lustige Facetten eines Themas kombiniert. Unterstützt die Times New Roman, deren Buchstabenenden sich quer mit feinen Zierlinien kreuzen, oder die Arial, eine schnörkellose Schrift, die satirische Schreibweise besser? Ornamente oder Schlichtheit, was verleiht dem Text mehr Poesie? Die beiden Texte wurden von den Probanden anschließend danach bewertet, wie sie sie beim Lesen empfanden: lustig, spöttisch, depressiv, heiter, herrisch, frivol und so weiter. Die Analyse zeigte, dass die in Times New Roman gesetzten Texte vielfach lustiger und satirischer empfunden wurden als die in Arial. Demnach existiert eine Wechselwirkung zwischen Schriftart und Beurteilung der literarischen Qualität eines Textes. Erst durch das passende Äußere ergibt sich die gewünschte Deckungsgleichheit von Text und Satire. Eine Schriftart hat also die Macht, den Leser in seiner Einstellung zu einem Text zu beeinflussen.

Bisher gab es lediglich Studien, die untersuchten, ob bestimmte Schriftarten besonders leicht zu lesen sind und wie ein Zeichensatz idealerweise gestaltet sein sollte. Andere Studien haben sich eher weniger methodisch damit beschäftigt, welche Bedeutungen eine Schriftart dem Leser vermittelt – etwa im Bereich der Werbung. Dieser Forschungsstrang kann aber nichts darüber sagen, welchen Einfluss die Schriftarten haben, wenn sie mit dem Inhalt eines Textes zusammen betrachtet werden. Die weltberühmte Schrift Times hat damit poetische Kräfte. Die Studie zeigt auch, dass die häufig im Verlagswesen, im Zeitungsdruck, in der Bürokommunikation und seit 2004 für alle US-diplomatischen Dokumente verwendete Schriftvariante Auswirkungen auf das Verständnis des Inhalts hat.

Die Studie ist ganz klar eine Demütigung für Literaten, aber eine Ehrenrettung für Typografen. Es ist jetzt aber nicht so, dass der Typograf der bessere Poet ist. Poeten kann es jedoch nicht schaden, den Faktor Schriftbild in ihr Schaffen einzubeziehen.

Quelle: Juni, Samuel/Gross, Julie S. (2008): Emotional and persuasive perception of fonts, in: *Perceptual & Motor Skills Percept Mot Skills*, Nr. 106, S. 25–42.

Die Studie, die zeigt, dass Wodka etwas für Feinschmecker ist

Bis heute gelten Weinkenner mit ihren toll klingenden Begriffen und ihrem Expertenwissen als die Oberklasse der Feinschmecker und Wein als ein tiefsinniges Getränk. Wodka hingegen wird als ziemlich geschmacksneutral angesehen, man definiert ihn sogar als Spirituose ohne Farbe, Geruch und unterscheidbaren Geschmack. Geschmacklosigkeit ist also die Haupteigenschaft eines guten Wodkas. Der ganze Herstellungsprozess ist darauf ausgerichtet, jeglichen Geschmack durch Begleitaromen zu neutralisieren und eine maximal reine Ethanol-Wasser-Mischung zu erhalten. Das Destillat und sogar das Wasser werden aus diesem Grund aufwendig gefiltert. Besonders teure Markenwodkas gelten als die reinsten ihrer Art, aber gerade sie sind eben auch die geschmacksneutralsten.

Wodka – das sind sechzig Prozent Wasser und vierzig Prozent Alkohol – nicht mehr, nicht weniger. Was soll man da schon schmecken? Verwunderlich ist es deshalb, dass unter den Wodkatrinkern ein zum Teil fast militant ausgetragener Konflikt um den Geschmack herrscht.

Forscher konnten nun zeigen, dass Geschmacksunterschiede bei Wodka keinesfalls reinste Einbildung sind, sondern auf unterschiedlichen molekularen Strukturen basieren. Forscher verglichen die chemische Zusammensetzung von fünf US-amerikanischen und russischen Spitzenmarken, um zu überprüfen, ob sich unterschiedliche chemische Strukturen beim Mischen von Wasser und Ethanol bilden. Erst unterschiedliche Strukturen führen zu unterscheidbarem Geschmack. Das Ergebnis der Untersuchung zeigt ganz klar, dass die einzelnen Sorten durchaus deutlich in ihren speziellen chemischen Strukturen voneinander abweichen.

Bei zwei Marken etwa fanden die Forscher molekulare Strukturen, bei denen jedes Ethanolmolekül von fünf Wassermolekülen umgeben ist. Dieser Unterschied, sagen die Forscher, könnte die Vorliebe für die beiden Marken erklären. Das Schütteln und Rühren bei Wodka-Martini etwa kann dann diese Strukturen aufbrechen, was zu einer sehr subtilen Geschmacksveränderung führt – Geschmacksvariante 007. Wodkatrinker sind folglich die wahren Feinschmecker, denn sie schmecken wahrscheinlich genau diese Nuancen auf molekularer Ebene. Unterschiedliche Bindungsstärken von Wasserstoff konnten mithilfe verschiedener Methoden nachgewiesen werden. Wodka ist also nicht geschmacklos, sofern man einen feinen Geschmackssinn hat und in der Lage ist, die unterschiedlichen molekularen Strukturen der Spirituose wahrzunehmen. Die Vorliebe für eine bestimmte Marke lässt sich auf die jeweilige Struktur zurückführen. Wodkas unterscheiden sich nicht im klassischen Sinne im Geschmack, sondern vielmehr in einer Art Molekulargeschmack.

Noch können die Forscher nicht erklären, warum es bei Wodkas diese Unterschiede gibt. Wahrscheinlich liegt es an den Spuren kleinster Verunreinigungen, die die Verbindungen für Wasserstoffbrücken und damit deren Verteilung im Getränk beeinflussen. Getränke mit niedriger Strukturierbarkeit schmecken wässrig, weil der Anteil von Wassermolekülansammlungen höher ist als bei Marken mit hoher Strukturierbarkeit.

Die Abwesenheit von Geschmack ist im traditionellen Sinne damit nicht widerlegt, wohl aber eine neuartige Art des Wodkageschmacks entdeckt. Zeit also für alle

Wodkaliebhaber, durch entsprechendes Verhalten offensiv ihre geschmackliche Überlegenheit zur Schau zu stellen. Wodka ist damit endlich mehr Kunstform als Exzess.

Quelle: Assefi, Seema L./Garry, Maryanne (2003): Absolut® Memory Distortions: Alcohol Placebos Influence the Misinformation Effect, in: Psychological Science 14, pp. 77–80.

Die Studie, die zeigt, dass Alkohol anfälliger für Manipulationen macht – auch wenn man gar keinen getrunken hat

Die immer wieder gern erwähnte Gedächtnislücke nach einer durchzechten Nacht ist fast schon obligatorisch bei Partygängern. Fast jeder, der mit Freude viel trinkt, trägt bereitwillig zu dieser Legende bei. Die Tatsache, dass diese alkoholbedingte Gedächtnislücke selbst dann auftritt, wenn gar nicht getrunken wurde, zeigt nun eine aktuelle Studie.

Die Forscher untersuchten die Wirkung von Alkoholplacebos auf soziale und nicht soziale Erinnerungen. Das Dumme für die Probanden war an dieser Untersuchung, dass dabei mal nicht auf Kosten der Forschergemeinschaft gezecht werden konnte. Bei diesem Experiment musste keine Probandengruppe Alkohol konsumieren. Die rund hundertfünfzig Testteilnehmer tranken einfaches Tonicwater, wobei der einen Hälfte glaubhaft gemacht wurde, es handele sich dabei um einen echten Wodka-Tonic. Man versicherte den Probanden außerdem, dass die Menge an Alkohol proportional zu ihrem Gewicht bemessen würde, um sie so optimal betrunken zu machen. Die Versuchsleiter mixten den Cocktail direkt vor den Augen der Teilnehmer; das Alkoholplacebo kam aus der Flasche einer bekannten Wodkamarke – ihr verdankt die Studie übrigens auch ihren Titel. So machte man die Show noch glaubwürdiger.

Die Wissenschaftler erzählten ihnen, es handle sich um eine Studie über den Einfluss von Alkohol. Nicht erwähnt wurde, dass es eigentlich eine Gedächtnisstudie war. Wenn Wissenschaftler einen Drink ausgeben, sollte man also lieber skeptisch sein.

Für den eigentlichen Gedächtnistest verwendeten die Forscher ein Verfahren, bei dem die Probanden zu Augenzeugen einer simulierten kriminellen Handlung wurden. Um die Erinnerungsfähigkeit der Probanden zu beeinflussen, mussten diese anschließend eine Beschreibung des Ereignisses lesen, die voller Fehlinformationen war. Daraufhin hatten sie sich einer Befragung zu stellen, in der sie ihre eigene Version des ursprünglichen Ereignisses vortragen sollten.

Konkret sah das so aus: Während die Probanden den Placebococktail tranken, schauten sie zur Ablenkung einen Actionfilm. Als Nächstes zeigte man ihnen Bilder eines Ladendiebstahls in einer Buchhandlung. Dabei gab es eine Reihe wichtiger Gegenstände, an die sich die Probanden später erinnern sollten. Anschließend mussten sie aber noch einen mehr als fünfhundert Wörter umfassenden Text lesen, der angeblich dieselben Inhalte der Bilder schriftlich schilderte, aber eigentlich voller Fehlinformationen war. Dann stand der eigentliche Gedächtnistest an, in dem sie nach den Gegenständen auf den vorher gezeigten Bildern gefragt wurden. Außerdem bewerteten die Testpersonen auf einer Skala jeweils, wie sicher sie sich ihrer Antworten waren und wie sehr sie ihrem Erinnerungsvermögen vertrauten. Die Forscher verglichen anschließend die Erinnerungsqualität für die

Details aus dem mit den nachträglichen Fehlinformationen versehenen Text.

Das Experiment zeigte, dass sich die Probanden, die glaubten, Alkohol getrunken zu haben, im Vergleich zur Kontrollgruppe wesentlich leichter manipulieren ließen. Je stärker sich die Erinnerung der Probanden manipulieren ließ, desto sicherer waren sich diese außerdem, sich nicht zu irren. Zwar ist der Gedächtnisschwund nicht ganz so vollständig ausgeprägt wie derjenige, der von nackten Körpern ausgeht (siehe Seite 188), dafür beruht er aber auf reiner Einbildung. Hier kamen also soziale Gründe zum Tragen: Den Testpersonen wurde gesagt, sie hätten getrunken, also verhielten sie sich dann ungewollt dementsprechend – und wurden den vermeintlichen Erwartungen ihrer Mitmenschen gerecht.

Quelle: Assefi, Seema L./Garry, Maryanne (2003): Absolut® memory distortions: alcohol placebos influence the misinformation effect, in: *Psychological Science*, Nr. 14, S. 77–80.

Die Studie, die zeigt, dass »Teddybären« menschliche Fingerabdrücke haben

Nicht wirklich der Teddybär ist gemeint, wohl aber eines seiner niedlichen Vorbilder aus der Realität – der Koala. Wahrscheinlich gibt es keine zwei Menschen mit denselben Hautmustern an ihren Fingerkuppen – Fingerabdrücke sind eine individuelle Besonderheit. Sie sind aber keine rein menschliche Besonderheit. Man hat Papilarrillen, die kleinen Hautleisten und -rippen, aus denen Fingerabdrücke bestehen, auf Handflächen, Fußsohlen und sogar Greifschwänzen zahlreicher Tierarten gefunden.

Unbekannt war bisher aber, dass Koalas und Menschen ganz ähnliche Fingerabdrücke besitzen. Die Forscher schauten den Koalas mit einem Elektronenmikroskop genauer auf die Finger. Die Forscher verglichen in einer anatomischen Studie die Fingerabdrücke von Koalas mit denen von Menschen. Dabei stellte sich heraus, dass die Muster, aus denen die Fingerabdrücke bestehen, sowie deren Einzigartigkeit innerhalb der Spezies den menschlichen Fingerabdrücken gleichen.

Die Existenz nahezu identischer Hautlinien verweist darauf, dass sich in der Evolution der Säugetiere, trotz getrennter Entwicklung für mindestens siebzig Millionen Jahre, bei manchen Arten menschenähnliche Fingerabdrücke bildeten. Im Falle des Koalas als Anpassung an das Klettern und Greifen, was für das Leben auf Eukalyptusbäumen und das Essen von Eukalyptusblättern wichtig ist.

Mit diesen Mustern an den Pfoten lässt es sich besser nach Blättern greifen. Im Laufe ihrer stammesgeschichtlichen Entwicklung formten sich die Finger der Koalas so, dass sie mit ihrer Hautoberfläche über eine besonders feine Kontrolle ihrer Bewegungen verfügen und ganz genau spüren können, wie stark sie etwas anfassen.

Ein wenig romantischer formuliert heißt das, dass ein Koala uns genauso zart berühren kann wie ein Kind seinen Teddybär.

Quelle: Henneberg, Maciej/Lambert, Kosette M./Leigh, Chris M. (1994): Fingerprint homoplasy: koalas and humans, in: *Natural Science*, Nr. 1, S. e1.

Die Studie, die zeigt, dass der eigene Partner ein hartes Psychotropikum ist

Begehren Sie Ihren Lebensgefährten? Durchdringt Sie ein tiefes Verlangen nach Ihrer besseren Hälfte? Dann sind Sie wahrscheinlich schwer abhängig, ein Junkie sozusagen. Die sinnlich-leidenschaftliche Liebe ist eine harte Droge, und ihr Partner ist der Dealer. Das sagt zumindest die Wissenschaft. Die überwältigenden Emotionen und die Hochstimmung sind lediglich die Wirkungen einer psychopathogenen Substanz; Eifersucht, Seelenqualen und Hass nur ein pathologisches Entzugsphänomen. Nicht die wechselseitige Zuneigung und Anerkennung macht ein Paar aus, sondern eine Art gegenseitige psychische Abhängigkeit. Und tatsächlich gleicht die romantische Liebe – biochemisch gesehen – einer schweren obsessiv-zwanghaften Störung.

Die Liebe ist eine wunderbare Sache. Aber nur so lange, bis Wissenschaftler sie eifrig auseinandernehmen. Für Forscher ist Liebe nicht schön, sondern vielmehr beschreibungs- und erklärungsbedürftig. Forscher versuchen, Erkenntnisse aus der Neurowissenschaft für die Unterscheidung von Liebe und Sucht anzuwenden – mit erschreckenden Ergebnissen. Die Frage ist, ob man einen krankhaften und einen angenehmen Zustand in Verbindung zueinander bringen kann. Dabei ist vielen Menschen die Liebe längst als eine schmerzliche Sucht bekannt. Es ist nicht immer einfach, wenn jemand anderes das wichtigste Ziel im Leben wird. Es gibt in den USA unzählige Selbsthilfegruppen für Liebes- und Sexsucht, aber keine eindeutige Definition dieses Suchttyps.

Jetzt aber haben Wissenschaftler mit der ihnen eigenen Finesse verschiedene Befunde zum Phänomen der

Liebe, zum krankhaften Spielen und zur Abhängigkeit von Substanzen miteinander verglichen. Wenn man die Mechanismen der Abhängigkeit versteht, kann man nach Ansicht der Forscher die der Liebe zugrunde liegenden Mechanismen erklären. Und dadurch können wiederum wichtige Einsichten für das Verständnis der Sucht zutage treten, davon sind die Forscher überzeugt.

Die Mediziner kannten bisher keinen dokumentierten Fall von Liebessucht, auch fehlten offizielle diagnostische Begrifflichkeiten oder eine genaue Klassifizierung, die es ermöglichen könnte, das Phänomen systematisch zu erfassen.

Die Liebe hat aber eine sehr frappierende Ähnlichkeit mit der Substanzabhängigkeit: Euphorie und hemmungslose Lust in der Gegenwart des Liebesobjektes; negative Stimmung, Freudlosigkeit und Schlafstörungen bei Entzug der geliebten Person. Ein Liebender lenkt alle Aufmerksamkeit auf das Objekt seiner Begierde und zeigt gelegentlich problematische Verhaltensmuster. Auch wenn er die negativen Auswirkungen kennt, kann er nicht anders handeln. Ebenso wie im Falle der Sucht. Den Forschern geht es nicht um Sexsucht, diese hat man bereits untersucht und müsste außerdem isoliert von der Liebe betrachtet werden.

Der Vergleich von Tier- und Humanstudien zeigt, dass sowohl bei der Liebe wie auch bei der Drogensucht dieselben Hirnregionen sowie Botenstoffe im Gehirn beteiligt sind. Zwei neurochemische Systeme sind dafür verantwortlich, dass sich die Phänomene der Liebe und der Sucht gleichen. Die neurobiologischen Grundlagen der Liebe sorgen für das Liebessyndrom, bestehend aus Hyperaktivität, Ruhelosigkeit, Appetitlosigkeit und so weiter. Auch Aufnahmen der Gehirnfunktionen während des Verliebtseins zeigen deutliche Ähnlichkeiten zu denen von Suchtpatienten. Verliebte Menschen zeigen genau in den Gehirnregionen Aktivitäten, die auch bei Substanz- und Spielsucht verstärkt angesprochen werden. Außerdem werden Regionen des Gehirns quasi abgeschaltet, die für negative Gefühle zuständig sind.

Leider haben die Wissenschaftler letzten Endes noch nicht genügend Daten, um Liebessucht systematisch zu erfassen. Die Gefahr einer »Übermedizinisierung« ist auch nicht zu unterschätzen, wenn sich Forscher in ihren Untersuchungsgegenstand zu sehr »verlieben«.

Quelle: Reynaud, Michel/Karila, Laurent/Blecha, Lisa/Benyamina, Amine (2010): Is love passion an addictive disorder?, in: *The American journal of drug and alcohol abuse*, Nr. 36, S. 261–267.

Die Studie, die zeigt, dass das muslimische Gebet gefährlich sein kann

Das inbrünstige muslimische Gebet birgt eine bisher unbekannte gesundheitliche Gefahr. Deutsche Neurologen haben einen sehr ungewöhnlichen medizinischen Einzelfall dokumentiert, in dem ein fast fünfzigjähriger türkischstämmiger Mann aufgrund regelmäßiger, sehr intensiver Gebete eine sogenannte fokale Dystonie, ein unfreiwilliges Muskelflattern, bekam. Die Symptome traten ausschließlich dann auf, wenn er islamische Gebete in arabischer Sprache formulierte; die sonstige Sprache war nicht betroffen.

Die Dystonie, eine Art sensorisch-motorischer Tic mit neurologischem Ursprung, ist insbesondere unter Pianisten gefürchtet. Dabei handelt es sich um unwillkürliche Muskelkontraktionen, die zu Beeinträchtigungen der Beweglichkeit eines Körperteils führen, beispielsweise der Hände. Dies betrifft besonders Menschen, die ständig sich wiederholende motorische Aufgaben durchführen. Pianisten können dann plötzlich nicht mehr spielen, wobei andere körperliche Tätigkeiten unbeeinträchtigt bleiben. Betroffen sind aber eben auch Gläubige. Beim ständigen, bewegungsreichen Beten kann es zu einer Störung der Motorik kommen.

Erstmalig wurde damit eine besondere Art der Dystonie entdeckt. Die Symptome waren eine raue Stimme und eine verwaschene Sprache, an denen der Mann nur dann litt, wenn er islamische Gebete auf Arabisch rezitierte. Ansonsten waren die Sprachfähigkeiten nicht betroffen. Der Mann konnte sich weiterhin normal und verständlich auf Deutsch und Türkisch unterhalten. Die Probleme der linksseitig um den Mund herum befindlichen Muskulatur kam lediglich beim Beten zustande, und das auch nur, wenn dies auf Arabisch geschah. Das ständige Aufsagen vorformulierter, feststehender Textpassagen ist der damit erste Fall einer »Gebetskrankheit«.

Quelle: Ilic, Tihomir V./Pötter, Monika/Holler, Iris/Deuschl, Günther/Volkmann, Jens (2005): Praying-induced oromandibular dystonia, in: *Movement Disorders*, Nr. 20, S. 385–386.

Die Studie, die zeigt, dass fette Vögel öfter fremdgehen

Zoologen konnten jetzt nachweisen, dass wohlgenährte Singvögel der Gattung Gartengrasmücke nicht nur früher geschlechtsreif werden, sondern auch eher zu One-Night-Stands neigen als ihre schlanken Artgenossen. Winterspeck ist also keine Last, er bringt Vögel erst richtig in Wallungen, zumindest bei diesen Tieren auf der italienischen Insel Ventotene. Die Forscher verglichen dazu zwanzig fette mit zehn mageren Vögeln. Sie beobachteten das Verhalten der Vögel mit ans Gefieder angeklebten Funksendern. Eigentlich wollte man ja den Aufenthalt von Zugvögeln in einem Zwischenquartier erstmalig mithilfe dieser Sender erforschen. Man war den Migrationsbewegungen auf der Spur, einem der großen Geheimnisse der Tierwelt. Dabei erkannte man zufällig, dass Plumpheit bei Zugvögeln für mehr Bewegung sorgt – auch in Sachen Sex. Spindeldürre Artgenossen brauchten längere Zwischenstopps, bevor sie sich wieder auf den Weg machten. Bisher gingen die Vogelforscher davon aus, dass die Ausprägung des Fettgewebes eines Vogels jeweils bestimmt, wie lange sein Aufenthalt dauert. Kurz: Je dicker der Vogel, desto fauler und daher länger die Pause.

Aber die Studie bewies das Gegenteil. Die Vögel mit größerer Fettmenge verließen die Insel deutlich schneller als magere Tiere. Die durchschnittliche Aufenthaltsdauer für dicke Vögel betrug 8,8 Stunden. Im Gegensatz dazu verbrachten die schlanken Vögel rund 41,3 Stunden auf dem Rastplatz. Die Hypothese, nach der das Körperfett die Aufenthaltsdauer verlängert, wurde einst entwickelt, ohne überhaupt Körperfettanteil und Aufenthaltsdauer zusammen betrachtet zu haben. Für die aktuelle Studie fingen die Forscher zwanzig Singvögel und untersuchten deren Fettanteil, die Größe ihrer Brustmuskeln sowie die Körpermasse. Auf dem Rücken der Vögel brachte man einen Sender an, mit dem man ihren Aufenthaltsort herausfinden konnte. Ein schlanker und ein fetter Vogel mussten von der Studie ausgeschlossen werden – sie hatten ihre Sender verloren.

Die Daten der Forscher legen nahe, dass magere Vögel ihre aufgebrauchten Fettreserven erst wieder auffüllen, bevor sie ihre Reise fortsetzen. Die dünnen Artgenossen hielt es daher sehr viel länger am selben Ort. Bei der Auswertung fiel aber auch auf, dass die fetten Vögel nur maximal einen Tag am selben Ort schliefen – und sich dabei auch vergnügten. Je dicker ein Vogel, desto eher entwickeln sich die notwendigen Hormone für die Geschlechtsreife, das wusste man bereits aus anderen Untersuchungen. Außerdem wusste man, dass der Sexualtrieb, genau wie die saisonale Zugaktivität, durch die Hormone gesteuert wird. Nun weiß man auch, dass »Übergewicht« für erhöhte Zugunruhe sorgt. Fette Zugvögel sind damit auch in Bezug auf ihre Sexualität »auf Zug« – freizügige Zugvögel sozusagen. Kurze Pausenzeiten haben eben auch kurzfristige sexuelle Kontakte zur Folge. Immer auf dem Sprung – da bleibt nicht viel Zeit für nur einen einzigen Partner. Beim nächsten Zwischenstopp findet sich schnell ein anderer. Fette Vögel gehen eben öfter fremd!

Quelle: Goymann, Wolfgang/Spina, Fernando/Ferri, Andrea/Fusani, Leonida (2010): Body fat influences departure from stopover sites in migratory birds: evidence from whole-island telemetry, in: *Biology Letters (Published online 17 February 2010)*, S. 1–4.

Dank

Besonders bedanke ich mich bei Gözde Ece Özbek, die nicht nur die Lesbarkeit dieses Buches verbessert hat, sondern auch inhaltliche Anregungen gab. Für Versäumnisse und Fehleinschätzungen bin ich selbst verantwortlich.

Widmen möchte ich dieses Buch meinen geliebten Eltern, die sich immer kopfkratzend fragten, was ihr Sohn da eigentlich die ganze Zeit schreibt.

Nicht jeder wird die Studienauswahl, Darstellungsweise und Akzentuierung dieses Buches vollständig mittragen wollen. Die Überzeichnungen und Zuspitzungen sind eine Reaktion auf das fundamentale Spaßdefizit der deutschen Forschungsgemeinschaft.

Danken möchte ich auch den Autoren der hier vorgestellten Originalstudien, die beweisen, dass es selbst in Zeiten knapper werdender Budgets und eines überbordenden Wettbewerbs um Forschungsgelder möglich ist, auf die verrückte Art und Weise zu forschen.

Frankfurt am Main, 30. August 2011
Gunther Müller

Dieses Buch wird Sie berauschen!

James Nestor
OPIUM BRINGT OPI UM
175 Ideen für einen
Vollrausch ohne Drogen
Aus dem amerikanischen
Englisch von
Petra Trinkaus
288 Seiten
ISBN 978-3-404-60645-0

Jeden Tag der gleiche Trott: Der Kaffee schmeckt fad, die Druckerpatrone stinkt, das Geschwätz der Kollegen kann man nicht mehr hören, und der Kick nach dem wöchentlichen Yogakurs hat sich auch längst abgenudelt.
Wäre es nicht schön, die Welt mal ein bisschen anders zu erleben? Ein bisschen bunter, ein bisschen schräger, ein bisschen … high?
Die gute Nachricht: Sie benötigen keinerlei Drogen. Sie brauchen lediglich dieses Buch …

Bastei Lübbe Taschenbuch

Werden Sie Teil der Bastei Lübbe Familie

- Lernen Sie Autoren, Verlagsmitarbeiter und andere Leser/innen kennen
- Lesen, hören und rezensieren Sie Bücher und Hörbücher noch vor Erscheinen
- Nehmen Sie an exklusiven Verlosungen teil und gewinnen Sie Buchpakete, signierte Exemplare oder ein Meet & Greet mit unseren Autoren

Willkommen in unserer Welt:

 www.luebbe.de

 www.facebook.com/BasteiLuebbe

 www.twitter.com/bastei_luebbe

 www.youtube.com/BasteiLuebbe